「建筑名家口述史」丛书

# 一隅之耕

潘谷西 口述　李海清　单踊 编

中国建筑工业出版社

**图书在版编目（CIP）数据**

一隅之耕/潘谷西口述；李海清，单踊编. —北京：中国建筑工业出版社，2016.1
（"建筑名家口述史"丛书）
ISBN 978-7-112-18811-6

Ⅰ.①一… Ⅱ.①潘… ②李… ③单… Ⅲ.①建筑学－文集 Ⅳ.①TU-53

中国版本图书馆CIP数据核字（2015）第281391号


丛书策划：易　娜
责任编辑：易　娜　刘　川
责任校对：张　颖　刘　钰

"建筑名家口述史"丛书

一隅之耕

潘谷西　口述　李海清　单踊　编
*
中国建筑工业出版社出版、发行（北京西郊百万庄）
各地新华书店、建筑书店经销
北京锋尚制版有限公司制版
北京中科印刷有限公司印刷
*
开本：787×1092毫米　1/16　印张：10½　字数：138千字
2016年3月第一版　2016年3月第一次印刷
定价：36.00元
ISBN 978－7－112－18811－6
　　　（27786）

　　口述史是以搜集和使用口头史料来研究历史的一种方法，以及由此形成的历史研究的学科分支。近年来，随着近、现代历史研究的发展和进步，越来越重视史料的一手性、客观性和全面性。在人文社科领域，许多优秀的史学专家已投入到对近、现代史进程中一些重要人物的采访和记录工作中，通过深入细致地拟定访谈内容，与当事人"面对面"地访谈，经由系统整理，力求得到生动、鲜活的研究资料。但在建筑学界，似乎还没有形成风气和有效的力量。本丛书的策划和启动，正是期望改变这种现状的一种尝试。

　　本丛书面向老一辈建筑学者，其中大部分为继梁（思成）、刘（敦桢）、杨（廷宝）、童（寯）等第一代中国现代建筑学家以降的第二代中国建筑学人与建筑大师，他们多出生于国难当头的战乱时期，而后又经历新中国的建立与历次政治运动对建筑学科的冲击和影响，专业上多曾直接受教于第一代建筑"宗师"。如今，他们大多已晋耄耋之年，他们独特的人生际遇与学科探索之路本身就是中国历史的一部分，具有重要的启示和镜鉴意义。因此，立足于建筑文化遗产抢救的视角，通过"口述"方法收集史料与素材，为中国近、现代建筑史研究留存珍贵的第一手资料，已呈极为紧迫之势。本丛书所选取学者，以有较高学术成就和独特研究领域为主要标准，内容偏重历史与人文。

　　《一隅之耕》是本丛书第一辑的第二本，由李海清、单踊负责采访、整理和编著。潘谷西为东南大学建筑学院教授，一生从事中国建筑史与中国古典园林的教学与研究，是我国著名的建筑史学家和建筑教育家。

中国建筑工业出版社

# 序

　　易娜女士邀我为本书写一个小序。然潘谷西先生是我的老师，学生给老师的作品写序，是一种不大合乎规矩的做法。无奈本书责任编辑易娜女士作为《建筑师》杂志副主编，平时对人一贯热情诚恳，逢《建筑师》召开编委会时，她对我更是关怀有加，照顾入微，使我久久心存感激。对于她的邀约，我应之有愧，然却之不恭，岂能一推了之。好在易娜女士告诉我，此事已与潘先生沟通过，征得了先生的同意。老师既然虚怀若谷，学生只能勉为其难了。

　　1955年我考入南京工学院建筑系，得知系里师资有杨廷宝、刘敦桢、童寯等国内建筑界的泰斗级人物，还有一大批他们培养的优秀中青年学者，潘谷西先生就是这批年轻学者中的一名大弟子。由此，心里自然滋生出一种身入宝山的自豪感。

　　二年级时学"中国建筑史"，开始由刘敦桢先生主讲，后期因刘先生身体欠佳，由潘先生代课。自此，潘先生又指导课程设计，又讲课辅导，与我们有了较多的接触。潘先生的作风，课堂上严肃认真，一丝不苟；课堂下和蔼可亲，循循善诱，与学生们保持着自然而然亲密的交往。五年级下学期，我被分至建筑历史组撰写毕业论文，由刘敦桢和潘谷西两位先生任指导老师。刘先生时任系主任，兼建筑科学研究院历史室主任及南京分室主任，因忙于系务工作和学术研究，对我的辅导仅限于审阅了我论文的详细大纲，并为我去曲阜、北京调研亲手写了几封介绍信；论文的具体写作则由潘先生指导。期间，刘先生曾为编著《苏州古典园林》一书，亲率潘谷西等众弟子赴苏州调研，我有幸身随其后聆听教诲，深感荣幸。

《苏州古典园林》是刘敦桢先生的晚年名著，是他几十年精心研究苏州园林的学术结晶。书稿早于"文革"之前即已完成，惜因对于极"左"思潮的忌惮，至1976年始交付出版，期间曲折多舛毋庸赘述。在这里我想要补充说明的一点是，《苏州古典园林》全书的主题思绪、结构脉络、图文取舍等虽系刘敦桢先生长期研究的成果，但具体成书，包括文字、线图、照片等也包含了刘先生众多弟子们的辛勤劳动。其中，潘谷西先生作为主力成员之一，所付出的心血，也是刘先生首肯的。

潘先生多才多艺，无论在教学、科研、设计、培养研究生诸多方面，都可谓成果累累，在南工建筑系（今东南大学建筑学院）是相当突出的一员。他早期跟随杨廷宝先生参加过多项建筑设计，主要项目有南京雨花台烈士陵园、北京国家图书馆新馆等。"文革"后又独自在古建文保领域开辟设计业务，主要项目有苏州瑞光塔修复设计、纽约大都会博物馆中国庭院"明轩"设计、南京鸡鸣寺规划设计、庐山风景区规划设计、连云港云台山风景区规划设计和单体设计、安徽马鞍山采石矶风景区规划设计、南京夫子庙重建设计、合肥包拯墓园设计、常熟燕园修复设计、苏北高邮孟城驿修复设计、滁州琅琊山碧霞宫景区设计、南京雨花阁设计、南通濠滨书院设计、金坛建委大院设计等。设计项目既繁多又精彩，广获好评，突显了潘先生在风景园林和古建修复设计方面的精深造诣。这种造诣在高校教师中是十分突出的。

在科研方面，潘先生除跟随刘敦桢先生参与《苏州古典园林》编写工作外，还主编或参与编撰了《中国建筑史》（国家级推荐教材）、《中国古代建筑技术史》、《中国古代建筑史（5卷集）·第4卷元明建筑》、

《曲阜孔庙建筑》、《中国美术全集·建筑编园林卷》、《江南理景艺术》等多部著作。行笔至此，我不能不表达一件我至今难以平复的痛心往事。1995 年潘先生编著的《江南理景艺术》一书杀青，并将全稿寄我阅读，我深知此书的价值，申报选题细读加工后拟即发稿付印。但适逢出版社资金周转一时掣肘，无奈奉命与台湾南天书局商议协作出版，获对方同意，书稿随即寄往台湾。不料对方同时接受一批日版图书的出版任务，需限期出书，从而将《江南理景艺术》印制任务一拖再拖，眼看短期出书无望，我只得索还书稿，寄交东南大学出版社，一本好书就这样从我手上溜走了。这既是我欠潘先生的一笔账，也是我编辑生涯中一件窝囊的痛事。

要叙述潘先生的成就，还有许多话可说。然仅引上述数例，即可推其全貌。以我愚见，这样的名师大家，足以入选科学院或工程院院士行列，然而囿于不言而喻的体制弊端，本应公平的秤盘有时也会失衡。这是无可奈何的事情。好在后继有人，建筑事业总在发展，足以使我们这些年近耄耋的人欣然前望。

王伯扬

中国建筑工业出版社编审，前副总编辑

《建筑师》杂志前主编

2015 年 5 月 16 日

# 目　录

　　我的老家在上海浦东的南汇，今天的位置大概在南汇县城东门外约五六里路，一个很小的连名字都没有的村子里。南汇本来是个县，现在改成南汇区了。所以，我总说自己是上海乡下人。

　　南汇在清朝雍正年间才设县。最早是长江口冲积出来的滩地，需要筑堤造田，把堤内的沙滩改为耕地。当时有内、外两层堤，内侧是宋代修筑的范公堤，村民称之为"西护塘"；外侧是明代修筑的钦公堤，乡间称之为"东护塘"。因此，可以断定我们这块土地是在宋、明之间才生长出来的。南汇这地方以前没有城市，明朝初期为了防倭寇，在沿海一带建了一百多个军事据点，称为卫、所，一个卫下面有几个所，而所又分为千户所和百户所，一个千户所驻军五千多人，南汇就是一个千户所。所以南汇城是很规则的、方正的平面布局，是典型的军事城堡，城内是一个十字街，四面是东西南北四座城门，我小时候还看到过，城墙和城门后来拆掉了。东门外最热闹，那儿有一条公路和一条水路，水运比较发达。南汇地区最初是盐场，后来才逐渐发展农业、出现城市，所以现在还有一些地名叫"三灶"、"六灶"或者"盐仓"，灶就是用来煮盐的，盐晒过后再用灶煮干。比如我家附近有个小镇叫"四团仓"，我上的小学地点就在"三灶码头"（图1-1，图1-2）。

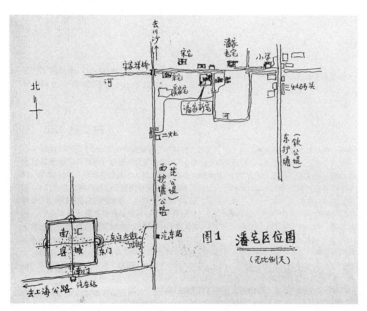

图1-1 潘宅区位图

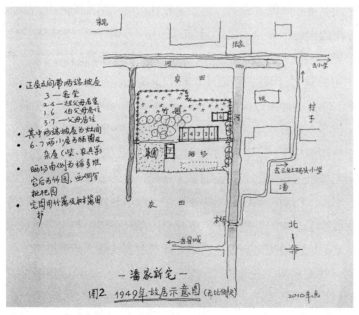

图1-2 1949年潘家新宅示意图

2

我们那儿没有什么大户人家，世家、豪门和官宦都没有，只有一些小地主。2000年春季我回过一次老家，那里还比较落后，甚至比不上江苏的一个普通县城（图1-3，图1-4）。我家祖上可能来自河南荥阳，因为祖父在农具上写有"荥阳潘"三个字。他有120多亩田，两个儿子一分家，每家大约分得五六十亩田。我的堂兄是长孙，单独分得长孙田10亩。因为靠近上海，伯父在市里做生意，开了家布号，专营布匹批发。父亲在奉贤县一个大镇子上的一家当铺里做"管包"，也就是管仓库的，月薪大概五六石米。所以家庭虽不算富裕，但生活还算过得去。

图1-3　南汇县城2000年时街景

图1-4　南汇县城东运河2000年时沿岸景色

我5岁时，进了离家约一里路的三灶码头公和小学，一直到四年级。这个学校设在一座小关帝庙内，有两间教室，就在关帝像旁边。只有两位老师，一位姓潘，兼校长，一位姓陶。开设了语文、算术、珠算和图画课，学生全部走读。

父亲在我10岁时病逝，之后家里经济就比较困难了。我和妹妹上小学、初中的开销就只有靠种地和收田租，其中有20亩地是自己种的，到耕地、播种和收割时要雇短工，要请他们吃饭，还要间插着送点心给他们吃。

1938年，我10岁，正值抗日战争时期，举家逃难到上海市内，住在英租界的旅馆里。刚开始日军还没占领那儿（直至1941年底"太平洋战争"爆发，日军才占领租界），相对安全些。当时全家寄居在福建路上的一家小旅馆内，门外就是有轨电车，我们称它为"翘辫子车"，不久后又逃到浦东的周浦镇。我们和伯父两家在镇上合租了一个院落的两间房。这时伯父还在租界里开布号，他是经理，手下有学徒、跑街（推销员）、账房和送货师傅各1位，也就是5个人，规模很小，地点在广东路和延安东路之间，河南路昌兴里10号，是老式石库门住宅，木结构两层楼围成的三合院。伯父的布号租了西侧的一半，那东侧的一半及中间客堂是房东住的。伯父从厂方把布匹批发进来，然后再转批给零售商，是个很小的中间商。因为没有门市，所以靠跑街拿着样品挨家推销。

逃到周浦镇以后，我生了场大病，持续近两个月，昏迷了约一个多月。醒来的时候，看到父亲躺在床上，已过世了，头和脚边各放了一盏油灯，我只记得这个场景。我醒了，他却走了。所以我不知道父亲何时离开，也不知道他生了什么病。那场病之后，我的头发全掉了，而且发现自己的两个膝盖骨很大，都鼓出来了，因为两条腿瘦得厉害。由于生病，我休学了半年，落下了功课。之后在一位家庭教师那里读了半年，然后到上海市内福州路山东路口的江东中学，上了个半年的春季班，补习了一点课程，接着就进入上海中华职业学校。

上初中以后，家里就比较困难了，所以后来只能上中华职业学校。这是伯父给我的建议，他认为我们家这个情况，上职业学校比较合适。因为五年学完，毕业后就可以直接工作养家糊口了。我是1941年入学的，读机械科，主要培养绘图员和技术员。中华职业学校是黄炎培创办的职业教育学校，他认为职业教育对中国社会、经济和工业发展很有帮助。当时该校设有机械科、土木科和商科。机械科主要学机械制图、机械原理、内燃机、水力学、投影几何，写仿宋字、罗马字等课程。后来再上大学时，别的同学都对投影几何感到头痛，称之为"头痛几何"，我却觉得很轻松，很容易。因为我在中学就学过了，而且在写字方面也打下了仿宋字的功底，那时每个星期都要写一页。此外，当时还在工厂里做过实习钳工。因为是职业学校，重视的是实用技术，中学程度的国文、英语和数学（不学高等数学，到解析几何为止）分量就轻一点（图1-5）。

图1-5　中学时期

那时我寄宿在伯父的店铺内，那么小的地方，有货架，还要住五个人。也没厕所，用马桶。过去的上海，每天清晨人们把马桶提出去，放在后门口，有人拉粪车，给你倒马桶，刷干净，人们再提回家。自来水龙头和水池设在厨房和前面的客厅之间的一个小天井里面，是和房东合用的。伯父是经理，有一间卧室自己住，位于二楼的南面。二楼北面有两间房，是店员的卧室。那么我睡哪儿呢？我不是他的儿子，只是他的侄子，就住阁楼上。也就是二楼坡屋顶下的空间，最高的地方有两米多一点，每天晚上都要爬木梯上去。做功课怎么办呢？账房先生在外面租房住，晚上他回家后，我在账房里学习。账房是在一楼后面用木板隔出来的小房间，我和堂兄就在账房的桌子上做作业，因为灯光昏暗，写仿宋字很费眼力，所以我上高二时就近视了。堂兄比我大三岁，高中毕业以后，在浙江兴业银行当职员。新中国成立后，伯父关闭了布号，和堂兄都回农村老家去了。伯父活到九十多岁，最后在老家过世。

我就在这样的状态下生活了6年，直到考取中央大学。1946年中学毕业后，伯父介绍我到江南造船厂工作，但我没去。因为眼界开阔了，同学里好多人都要考大学，抗日战争也胜利了，当时觉得很有奔头，所以我也去考大学。但是第一次没能录取，因为我中学读的是职校，基础课学得比较浅，而且报的都是名牌大学，像上海交通大学、浙江大学等。那时考大学要到当地去考，到上海、杭州和南京去考试。我报考的是最热门的电机系，当时最吃香的专业就是电机，其次是机械。落榜之后我又在上海光华大学念了一年，当时我有好几个中华职业学校的同学都没考上大学，都去上了光华大学。学了一年的英语、国文、数学（高等数学也学了一点），还有普通物理。光华大学是私立大学，学费比较高，所以就这么熬了一年，1947年再次报考大学，报的是交通大学和中央大学，后来被中央大学录取了（图1-6）。

图1-6　1947年和同学一道来南京报考中央大学，首登灵谷塔（左为潘谷西）

我那时向往的是到大工厂里做工程师，如果当年我职校毕业后去江南造船厂，只能当一个小绘图员或者技术员。我有个表叔，是我祖母的妹妹的儿子，他在兵工厂里当工程师，在我们看来是比较厉害的，有一栋2层楼的小洋房，有没有汽车我不知道。所以我就想做一名工程师，那时候普通老百姓都认为电机、机械这个东西很先进！我在那样的家庭环境之下，谈不上有什么宏图大志，没有想过成名成家，也就想当个工程师而已。土木工程行业觉得不怎样，所以我报的都是电机和机械专业，建筑学还不是我的第一志愿，我原来不知道中央大学有建筑系，是我堂弟帮我报名时多报了一个建筑系。堂弟在中华职业学校读土木科，1947年毕业后，分配到南京市工务局（在夫子庙那里）。我后来就被录取到了中央大学建筑系。

当时报考建筑系，要加试"自在画"。"自在画"是什么呢？就是给你一个题目，用铅笔在一张白纸上画。我记得考场设在老图书馆东二楼（图1-7），阅览桌很大，一个桌子可以坐几个人。题目是一句诗："几曲小溪泛画桡，绿杨深处见红桥"，根据它自由创作一幅画。后来

图1-7　中央大学图书馆外景（今东南大学四牌楼校区老图书馆）
（图片来源：叶兆言 卢海鸣 黄强. 老明信片：南京旧影）

得知，参加这次"自在画"考试的有78人，但只录取了两个，一个是我，另一个就是左濬沅。我当时坐在考场西北面的窗口，看到一位老师模样的人带着一个年轻人走进考场，转了一大圈，然后来到我身后，停下来看了一会儿，走了。后来我回想起来，那位老师就是系主任刘敦桢先生。当时我自己感觉画的还不错，为什么呢？因为我父亲喜欢写字画画，家里有《芥子园画谱》。我从小喜欢临摹《芥子园画谱》，小桥流水什么的，很熟悉。暑假回家时常常依葫芦画瓢地临摹，我曾经用铅笔画过我祖父的一张照片，是头像，人家都说画得很好、很像——说明我当时在绘画方面还有点基础。所以我画完"自在画"后，自我感觉不错。英语考的题目叫《My family》，就是写一个小作文。国文考的是作文《后生可畏也》，就以这一句话写一篇作文。数学考的什么，我已记不清了。

小学和中学时，家里的田产靠母亲经营，经济上还算过得去。等到我上大学时，就比较困难了。怎么办呢？只好卖地，卖了大约十几亩地。因为经济拮据，妹妹初中毕业后也辍学了，高中没能上。我后来知道此事，回到家里就跟母亲讲，父亲的遗言是要尽量给两个孩子念书，这其实是听母亲说的。于是，母亲又让妹妹重新上学，在上海洋泾中学念高中，因为南汇县只有初中。到高二时，妹妹就报名参军抗美援朝了，她是复员军人。

　　1947年夏季，中央大学建筑系的入学
考试虽然只录取了两个人，后来我们这一
班却有五个同学。先说老同学姚宇澄，他原
本是被录取到气象系的，但他报考的第一志
愿是建筑系，因为可能他数学考得比较好，
被气象系抢先录取了，心有不甘啊！姚宇澄
的姨父是农学院的院长，于是被请来到刘敦
桢先生那里去做工作：该考生第一志愿是建
筑系，却被录取到气象系了。那时候系主任
是争学生的。于是刘先生亲自出面，找气象

图2-1　1947年大学新生照

系把姚宇澄要过来了。再说甘柽同学，他比我们高一班，原本是化学系
的，由于色盲，念了一年之后转系过来了。他的色盲症比较严重，所以
画出来的水彩画都是灰色调的。还有一个女同学叫吴月华，她好像也是
转系进来的，具体情况不太清楚。她不太爱讲话，很少和我们交流。后
来因为健康原因，一年以后就休学了，到三年级下学期重新复学过一段
时间，后来还是因病休学了，最终没能毕业（图2-1）。

　　我和左瀯沅、姚宇澄经常在一起，画图、开夜车等。甘柽家在南京，他总回家，不住宿舍，所以不太和我们在一起。甘栙是世家子弟，家里有99间半房子，是南京著名的甘熙故居。第一次见面，我说自己是南汇人，甘栙便说他姐夫是南汇县的县长。那是新中国成立以前的事情，他姐夫是中央政治学校毕业的。我们一年级上学期开始就在前工院二楼教室里画渲染，巫敬桓先生教我们。甘栙常常迟到，还大大咧咧的，我们都在画图了，他才慢吞吞来了，嘴里还含着个棒棒糖，巫先生就很来火，批评他。后来不知他生了什么病，休学了一段时间，所以比我们晚了一年毕业。姚宇澄家里大概是高级知识分子，境况不错。左瀇沅很少谈家里面的情况，他是长沙湘雅中学毕业的，英语比较好，抗日战争时期为美军做过随军翻译官（图2-2）。

上大学以前，虽在上海，圈子却非常小，眼界也很小。入大学以

图2-2　同班同学于2000年2月童寯
先生诞辰百年纪念会时相聚于母校
（左起：姚宇澄、左瀇沅、潘谷西）

后，人比较放松，自由度比较大，天地大，见识也广了。记得在伯父的布号里，接触的都是店员，听听收音机里面播送的流行歌曲，就算是娱乐了，偶尔到公园里面走走，仅此而已。大学就不一样了，何况是中央大学！到了南京，一下子就放开了。生活上、学习上都很自由，而且接触到了政治，政治也很自由。1947至1948年，正逢"内战"激烈，中央大学的中共"地下党"和国民党之间的斗争也很表面化了，表现最明显的就是争夺"学生自治会"的领导权——有了领导权，很多事情才可以实施啊！我入校后看到的第一件事，就是选举"学生自治会"主席。"地下党"推出进步学生华彬清去竞选，而国民党自己是不出面的，却让"三青团"出来搞。

刚开始时，大家当然不知道谁是"地下党"。到南京以前我也没接触过政治，就觉得很好玩，很新鲜。记得是刚入学不久，九十月份时，正值一年一度的"学生自治会"改选，两派都在宣传自己，晚上在食堂演讲，拉选票。我说我也不知道你们哪个好，搞不清楚，所以就没投票——我掌握着"神圣"的一票，不能随便投啊！我后来逐渐了解到，一派背后是"三青团"（更大的背景是"国民党"），另一派背后是中共"地下党"。也没人跟我们讲什么，但联系到大的政治形势，都能领会到。大家逐渐认识到国民党的腐败，反对它，要进步，必须有个新的东西替代它。但当时也没想到就是共产党来替代它。我们也没见过共产党人，没人提过，那时没人敢讲的。

其实，因为专业观念比较重，我对政治不是很敏感，也不大感兴趣，没有积极参与其中。而且建筑系师生对政治都不大感兴趣，没有一个"地下党"。我是新生，就更弄不清楚。这两派针锋相对，都组织社团活动。中共"地下党"的外围组织叫"新青社"（即"新民主主义青年社"，新中国成立后就变成"新民主主义青年团"了），国民党就靠"三青团"。在这些之外还有第三圈组织，就是学生社团，比如读书会啊、墙报组啊。我后来参加了一个名为"垦社"的学生社团。它的背景实际上也是中共"地下党"，其面貌却完全没有政治色彩。它是上海同学组织的，全是上海人，有点像同乡会。"垦社"的活动也没有很明确的政治倾向，我感觉它有点意思的活动是"向太阳"——大概隔一两个礼拜举行一次。早上去鸡鸣寺后面爬城墙，"迎接太阳出来"，很隐晦的寓意。另外就是组织上海同学一起回学校，组织大家同桌吃饭。社长是心理系的，社员来自于各系。有位章姓矮个子同学很好玩，他闹着玩，先"秀"了一下，全身挂满各种徽章，在学生宿舍里转来转去，旁边还有几个上海同学帮他讲话、宣传（图2-3）。

图2-3 "垦社"部分成员合影（左三潘谷西）

　　当时华彬清一派提出一个口号："办好学生食堂"。学生食堂由"学生自治会"组织管理，学生担任食堂主任、采购和出纳，学校方面派人去管理工人。食堂每月公布伙食账目。办得好，学生舆论就好。那时在食堂就餐，一个方桌四周站八人，是学生自己组合成固定的八个人，男生们喜欢找女生同桌，这样可以占便宜，多吃肥肉。开饭时桌上有四碗菜，每桌菜都是一样的。自己拿筷子、碗，打饭、盛汤。我们常在二号楼食堂，校东区文昌桥进门后，正对着的就是食堂，砖木结构的两层楼。食堂每个月底都会打一次牙祭，讨好学生。

　　在"垦社"，在"向太阳"和拼桌吃饭等活动中，我遇到了外文系的女同学苏学铭，她是常熟人，但家在上海。我们相识相恋，数年后在南京结婚，共同生活了57年。这是我参加"垦社"的最大收获（图2-4～图2-8）。

　　那时候在"中大"上学，主要开销就是交伙食费。每月大概一个银圆（即"袁大头"）。当时货币贬值很厉害，钞票过一个月就成废纸了。每次来南京上学，箱子里总藏着七八个"袁大头"。社会上有的人设法囤积棉纱、肥皂和火柴，棉纱是原材料，不贬值，所以比较好兑现。街上到处都有黄牛叮叮当当地敲银圆来兑换，今天可以兑换多少个"袁大头"，明天又可以换多少。那时生活水平比较低，我们有时睡得比较晚，起床也迟，就不到食堂吃早饭，而在文昌桥上面搭着棚子的早餐摊买个早点。有时我和姚宇澄、左滥沅三个人在一起画图，开夜车弄到很晚，回宿舍的路上，两边开的是小饭店，有个四川人做红烧牛肉烩面，辣的。我在上海从来不吃辣，左滥沅是湖南人，就喜欢吃辣，姚宇澄是从重庆过来的，也能吃辣。他们拉着我吃，也就慢慢习惯了。除了伙食费之外，其他没交什么钱，没有学费和住宿费。另外还可以申请助学金，我们建筑系没人申请，学生的家境一般都还可以，有的还比较好。

　　那时候，文具、纸张等需要自己买，没什么课本，都是靠听先生讲课记笔记，中外建筑史、设计课，都是自己做笔记。每个学生都有一本

图2-4　中央大学外文系大一新生苏学铭

图2-5　1956年冬和夫人苏学铭在一起

图2-6　1966年冬政治
风暴来临初期全家合影
于中山陵

图2-7　1986年冬与夫人苏学铭及子潘
波、女潘抒在南京

图2-8　1989年夏与夫人苏学铭在南京太
平北路和平公园

笔记，谁记得好就互相交流。再有，工学院图书馆期刊比较多，美国、英国的都有，比如*Architecture Forum*、*Architecture Record*、*Architecture Review*等，还有一套"蓝皮书"和"红皮书"。建筑系学生有一个比较好的条件，就是可以进图书馆的书库里去看。当时建筑系没有一本中文教科书，都是外国期刊。中文期刊也很少，有《中国建筑》、《建筑月刊》等，其实中文期刊里也没什么好看的。

我们当时的宿舍是各系混编的，自由组合，我常和机械系、电机系的同学住在一起，住过文昌桥二舍、三舍、五舍，也和姚宇澄、左濬沅他们在一个寝室住。宿舍建筑是刘敦桢先生带着张镛森先生于1946年设计的，由张带着人建的。一至六舍是男生宿舍，七舍是女生宿舍，男女宿舍之间就是学生食堂。现在只留下了六舍，其他都拆了。那时每年都调整宿舍，一个房间八个人，是双层床。我们新生当时住在丁家桥（原中央大学医学院，现在东南大学医学院），后面有大约几排单层木结构房子，屋顶是铁皮的，墙体用鱼鳞板围护，据说是当年日军的马厩。一长条通间，密密麻麻排满铁制上下铺的双层床，两张床之间还有个桌子，可以面对面做作业，两排床中间有走道，大概住一百多个人。无论什么系，全住在里面，女生不在那边住。住我上铺的是农经系的，后来才知道他是"地下党"。

一般新生要在丁家桥住一年，但是我们建筑系学生一年级下学期就搬走了，因为当时设计初步、阴影透视都是系里老师教的，特别是设计初步课程里的"渲染"是很花时间的。我们就到前工院北面靠东的教室画渲染，是巫敬桓先生教我们。他的"渲染"功夫非常好，在国际上得过奖。他能让学生画得一塌糊涂的作业起死回生。我记得左濬沅画渲染把希腊、罗马的山花、柱式等画脏了。巫先生看了说："不要紧，干脆再黑点"。果然，图面还真有了转机，所以我们很服他。我在中华职业学校学过机械制图，画图的线条是没问题的，渲染也容易上手。所以后来我当助教时总跟学生说："渲染要胆大心细，不要心粗胆小。"一年级印象最深刻的就是做渲染，只画西方古典的。到冬天太冷了，就放一个炭盆烤火，我们还在上面烤过橘子！投影几何是在丁家桥新生部和机械系等其他几个系一起上的，一年级上学期时还有三民主义、英语、国文这几门课。等下学期学设计初步和阴影透视，我们就去前工院上课了。阴影透视是徐中先生教的，只学了半个学期。其余时间都用在设计初步上面了。渲染先从法国式退晕（画一个圆柱）、平涂，然后到体块、多立克柱式，最后到组合（composition），一共两张图。第一个设计是"公园踏步"，是一年级下学期，童寯先生指导我们的。"公园踏步"这个题目很有道理，因为踏步是人体尺度的一个标准。童先生还带我们做过医院设计。

设计课，印象深刻的是杨廷宝先生亲自动手帮我画配景，寥寥几笔，立竿见影，让我佩服得五体投地。杨先生会耐心地给学生讲，拿草图纸覆在学生的图上，用6B粗铅笔给你慢慢画几笔。不管铅笔还是水彩，他都喜欢动手给你画、改，做示范。童先生虽然自己画得很好，但他从来不动手示范，而是口头指点，一会儿才冒出一句，没有连贯的指导，也不会仔细讲。悟性高的学生经过点拨，可能豁然开朗，而资质一般的学生则理解不了。有时他看看学生图纸上没画什么东西，扭头就走。所以，我们尽量把草图画得细致、深入，老师给你讲的时候才有收获。我们都喜欢听杨先生的课，因为他耐心细致，一点一点讲，动手画给你看，能学到东西。有时候杨先生给一个学生改图，周围的同学都围上来听，来看。如果自己没画好，就赶快画，怕他一会儿过来要责骂。徐中先生和杨先生性格差不多，也比较耐心地给学生讲，刘光华先生有时候喜欢讲俏皮话，刺激你一下——每位老师的风格是不一样的。

因为学生少，一个老师只带几个学生，而且老师轮流上课，希望接触不同的学生，学生也接触不同风格的老师。杨、童、刘（光华）三位先生都在事务所上班，上课时到校，课外是见不到他们的。1949年以前刘敦桢先生任工学院院长兼建筑系主任，从1952年院系调整后到1959年，系主任是杨廷宝先生。1959年以后，曾与土木系合并一段时期，又是刘先生任系主任，副系主任是张镛森先生和土木系的徐百川先生。两年以后，建筑系和土木系又分开了。

我们上一个班有四五个人：张明坤、吴道生、黄元浦、汪一鸣（宁波人，后来没再来）等，再前面一个班大概有七八个人，最上面的一班有十来个人。我们班最少，所有班级加在一起，不到30个学生，各班级之间也不大交流。我上二年级以后，教室才合在一起，在图书馆西边的一座平房里，是一个长条形的大空间（图2-9）。座位的安排，是按照从低年级到高年级的顺序，从教室门口一直排到最后。之所以这样排法，是希望高年级的同学能够经过低年级同学的区域，并且帮着看看图，有什么问题可以讲一讲，但实际上很少发生这种情形。学习方法和从前在中学时也不一样，因为没有教科书，几乎完全靠自己。我记得钟训正和齐康喜欢抄美国期刊上的图，抄得很厚的一大本。所以，我们当时建筑的观念并不落后，和世界潮流是同步、合拍的，因为主要的参考资料就是国外的期刊，什么现代派啊，都和美国一样的。所以后来"学苏联"，也就学了点教学方法、教学计划方面的东西，建筑设计方面的内容其实没人学的，还是美国、欧洲那一套东西（图2-10）。

图2-9　1948~1953年建筑系馆"大平房"内景与外景（图片来源：吴科征提供）

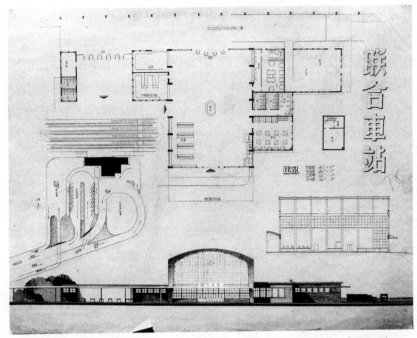

图2-10　三年级设计作业联合车站（潘谷西约完成于1950年。图片来源：单踊提供）

　　理论课程方面，我们只注重建筑设计，中国建筑史、西洋建筑史、结构力学和材料力学等，我们在观念上不太重视，只求及格。西洋建筑史的任课老师是外请的，教了一段时间后，又不来了。我印象不深，也没学到什么。他不是专业教书的人，就拿本弗莱彻的《比较建筑史》读读而已。中国建筑史是刘敦桢先生教的，完全靠笔记。他的课讲得非常好，板书很好，我们笔记做得也很好。后来才有幻灯片，两个玻璃片夹着膜，周边用黑胶带封起来，厚厚的。素描是樊明体先生教的，用木炭条画石膏像，也画过一次人体，系里请的模特，后来他到同济去了。水彩课的第一学期是李汝骅（剑晨）先生教的，后来他休假一年，第二学期是童寯先生接替他教，那时教授有休假制度。1952年院系调整后，樊明体先生去了同济大学，徐中先生和卢绳先生去了天津大学。

那时候从上海到南京，乘火车大概七八个小时。我喜欢坐夜车，一夜就到了，不耽误时间，还可以睡觉。怎么睡呢？一个办法就是在行李架上睡，反正是学生，无所谓，爬上去就睡，另一个办法是睡在座位底下。到达南京后，从下关火车站下车，要坐马车进城。公共汽车班次非常少，还有就是小火车，班次也很少。小火车的站房现在还在，就在文昌桥宿舍区门口出去靠南侧，现在是个小饭店，坐东朝西。我一般都坐马车，方便，在火车站外面停了一大群马车，凑够两三个人就出发了。马屁股后面还有个布兜子，专门用来兜马粪的。

　　新中国成立前，学生毕业以后，老师选拔少数好的学生去事务所实习，工作做得好，就留用，否则就不要。那个时候中国的建筑工程项目本来就很少，大的工程又被洋行拿去了。所以，建筑系毕业以后能到设计事务所工作，已经很了不起了。很多学生都找不到工作，有的毕业以后还在学生宿舍待着，待半年、一年的都有。当时一舍就是专门收容各个专业找不到工作的学生，建筑系毕业生也有当小学老师的，没办法。所以，建筑学专业现在这么热门，完全是因为建设量大。新中国成立前，没多少建设量。南京，大的工程基本上被"基泰"和"华盖"等包揽了。所以，事务所的公关很重要，大老板要出去拉生意，拿到项目再给建筑、结构专业去做。像杨先生也是这样，先帮大老板做，大老板逐渐倚重你，才给你股份。现在的学生一出去都做大工程，不得了啊。现在国外有的建筑师去开咖啡馆，没活干，建筑系学生毕业后工资是很低的。中国当前的建筑热潮还能维持多长时间，现在还很难讲。所以，现在这么多学校办建筑学专业是不行的，肯定要过剩，有朝一日也会出现像我们当时那样的局面。瑞士的一对建筑师，温格尔夫妇，他们两年做一个住宅，设计费就是这两年的经济收入，所以做得很细。将来中国也会有这一天，但十到二十年之内可能还不会，因为我们的城镇化还在进行中。

　　我是1947年9月上大学，1951年夏季毕业的。我们这一届毕业时只有两个同学，就是我和姚宇澄。因为左潆沅三年级时参军了，过两年又回来继续学习，然后才毕业的。1951年7月毕业后，我们俩被分配到南京市都市建设委员会。后来听说是刘敦桢先生找到当时的南京市长柯庆施，又把我要回系里的。姚宇澄还在南京市都市建设委员会，后来被调到江苏省建筑设计院去了。

我的家庭背景和青年时期的求学状况，大体如此了。我这一辈子，感觉最好的是两个阶段，一是大学时期，再就是改革开放以后，这两个阶段心情最愉快。为什么？感觉没给你套什么框子，没有压力，放松，就这种感觉。

教学工作，我做了些什么？

## 1. 本科教学

1951年我大学毕业之后，留校担任了助教。

实际上，我最初是被分配到当时的"南京市都市建设委员会"的。后来学校又把我调了回来，听说是系主任刘敦桢先生找到当时南京市长柯庆施要的，所以也没到那儿上过班。据说当时每月可领20元生活费，叫"包干费"，我也没去拿。新中国成立初期，政治运动比较多，大家都比较热情地投入，所以工资这种事情我也不大重视。到底要干什么工作，我在思想上也不是很明确。组织上和国家需要我干什么就干什么，一切服从国家安排，那时候的思想就是这样。

回学校来做教学工作，我并没有思想准备。因为自己的理想不是做教师，而是当工程师。当时还有个忧虑，我不善言辞，怕讲课，觉得当教师并不合适。好在我留下来后先教设计课，不是讲课。1951年就开始做一年级的设计课教师，和张致中先生以及其他教师一起搞"设计初步"教学。那年招生也比较多，不像我读书的时候，只有几个学生。当时已经有两个小班，共三四十人。我就这样进入了教学工作岗位（图3-1，图3-2）。

图3-1 1953年7月南京工学院建筑工程系全体教师与毕业同学合影
（前排左起童寯、刘敦桢、李剑晨、杨廷宝、刘光华、龙希玉、张镛森、陈裕华、甘
圣；二排左二刘先觉、左四起为吴科征、那畹蘅、潘谷西、张致中、齐康、崔豫章，
右一沈佩瑜，第三排左五黄伟康。图片来源：吴科征提供）

图3-2 1957年5月南京工学院建筑系教师与毕业同学合影
（二排左二起：温秀、沈佩瑜、那畹蘅、龙希玉，右一钟训正，右三起：甘圣、潘谷西、
张致中，右七起刘敦桢、杨廷宝、张镛森。三排右三唐厚炽，四排左六姚自君。图片来
源：单踊提供）

当时政治运动比较多，业务上并未投入很大精力去钻研。教学上，我们这些年轻教师还是想有所作为的，也有些不同的想法，用现在话来讲就是"改革"。在"设计初步"教学上我们搞了一个"中国古典"的教学内容，我比较主张这个改革。张致中先生主持教学，他也同意我这个主张。所以我们就分两拨，也就是把学生分成两个小班，一拨保持原先"西方古典"建筑的渲染、构图训练，另一拨则用"中国古典"建筑去训练。这样的"改革"只进行了一两次，因为这其中有个问题，当时我们"中国古典"建筑的图书资料比较少，特别是关于建筑细部的，不像"西方古典"建筑，有比较多的、成熟的"五柱式"那样的相关书籍。关于中国古建筑研究的书倒是有一些日文的，而我们中国本身没什么书。找这些资料比较困难，加上当时学生多，每个学生都做不同的构图训练，就需要很多资料。以前我们学生少还比较好办，但学生一多就很难了，所以后来就产生了所谓"歇山一角"的想法。主要是去掉构图环节，单纯训练学生绘图的技巧，从线条，一直到单色渲染，怎样在二维的立面图上表现一种立体感觉，训练粉刷墙面、石砌墙面、琉璃瓦等各种材料的表现技巧。经过研究试验后形成了"歇山一角"的教学方案。后来我去教二、三年级设计课，但这一教案在一年级教学中仍继续使用（图3-3）。记得我们还找到了北京钟楼的立面图作为学生渲染训练的主题。当时还是孙仲阳老师在一本书里找到的，先作教师示范图，然后拿来作为渲染训练的题材，学生又配些小景。这张图我们在《中国建筑史》中也使用了。

谈到"教学改革"，从根本上说也不是我们首先提出来的，而是上面要求的。"院系调整"是教育改革的一个重大步骤。当时的说法是，过去的高等教育不能满足建设新国家的现实需要，所以提出教育改革，即数量上需要大批人才，质量上也要与我们的建设要求相符合。"院系调整"有一个很重要的做法，就是把相关各校的相同专业合并起来，当时特别重视工科，工科专业的地位很突出，成立了很多工学方面

图3-3　"歇山一角"渲染作业（1959届鲍家声完成。图片来源：
单踊提供）

的学校，南京工学院就是其中之一，清华实际上也是个工科大学。当
时省里派了汪海粟来当南京工学院院长，他是副省级干部，一直做到
1958～1959年以后，大约有六七年时间。关于教育改革，他也有一系
列具体措施。其实，这种改革是自上而下的要求，作为教师来讲，我们
只是在某些课程教学上做了一些具体的改革。另外，就是要求学习苏
联，这也是改革的重要组成部分，也就是说要摒弃过去"资本主义"的
教育模式，学习苏联的"社会主义"教育模式，从教学组织、教学计
划、教学内容和教学方法等各方面进行改革。

当时中央大学工学院合并了金陵大学、无锡江南大学和上海一些大学的部分专业，成立了南京工学院。那时有"南有南工，北有清华"的说法，这是全国两个很重要的工学院，而突出工学则是国家建设的需要。南京大学后来搬到金陵大学校址去了，让南京工学院留在中央大学的校址上，说明了南京工学院当时的受重视程度。当然，到了21世纪都反过来争相转变为综合性大学。其实那样也不错，何必大家一窝蜂转变为综合性大学，甚至把中专也变成大学！像美国麻省理工学院，理工科学校不是也很好吗？

我当时的教学主要就是设计课，一直到1959至1960年前后。除了系里的行政事务，主要工作就是设计教学。所以，"文革"以前我始终认为自己主要是教设计的。王文卿班上的一个设计课题目我当时指导过，他是1960年毕业的。因为工作关系，我从杨廷宝先生那学到的东西比较多，包括他的一些理念和作风。除了设计课之外，还有一项工作花了我很多精力，就是系教学秘书。1952年"院系调整"之后成立了南京工学院，汪海粟任院长。他要求每个系设教学秘书，协助系主任主持和管理本系教学工作，如教学计划、教师工作安排、教研组设置等事务。他一般找一些自己认为信得过的青年教师来做这项工作，因此这个教学秘书实际上是学校指派的，而不是系主任选派的。所以在那时，每逢暑假之前就忙活开了，要讨论下一学年教学计划、教学大纲、实习以及教师安排等事务性工作，在这方面投入了很多时间。

这一时期也跟着杨先生参加了一些工程设计实践，比如南京梅花山宾馆，杨先生带我们到北京、山东各地参观，回来做设计，后因故下马；还有南京雨花台革命烈士纪念陵园设计，年轻教师要做方案；华东航空学院的教学楼设计，主要由杨、童、刘三人负责，黄伟康老师当时是三年级学生，参与画图，我们助教也参与了，但任务不多；再如北京中国科学院的一座高层科研办公建筑，我没有做具体工作，只跟杨先生到北京参加会议讨论。在行政工作上花的时间比较多，工程与教学上投入时间较少。

那个时候的政治运动多，各种各样的运动，我们很忙，晚上都要开会，周末也要开会，不能休息，大家都很忙，真正花在教学，与学生面对面的教学上的时间反而不是很多。那时候还提出所谓"要培养双肩挑青年教师"，政治上和业务上两个肩膀挑担子。我们就属于双肩挑的教师，包括张致中、我和齐康等人。主要是选取上面认为业务上比较好，政治上也比较可靠的教师。当时的培养人选情况还是经常变的，时而多一点少一点，似乎只是说说而已，也没什么具体措施。

"文革"以前，我们建筑系只招过一次研究生，就是刘敦桢先生1954年招进来的4位研究生，招生途径不是通过考试录取而是上面分配过来的。他们都是同济大学毕业的，派到哈尔滨学习俄语，预备给苏联专家做翻译，当时有5个学建筑的学生，包括许以诚、胡思永、乐卫忠、章明和邵俊仪，学了一年俄文以后又把他们分配到南京工学院当刘先生的研究生。过来时一共5人，而许以诚不愿意当研究生，就去当助教了。其余4人就做了研究生，三年毕业，都写了论文。

刘先生认真投入研究生培养，还带他们出去考察古建筑。由刘先生亲自带队考察，包括研究生和"中国建筑研究室"的十几个人。我当时也去了，一行20来人先到山东曲阜，再到北京，再到河北。参观正定和承德避暑山庄及外八庙，接下来是山西大同、应县、五台山以及陕西西安等地，最后是河南登封少林寺（图3-4~图3-7）。

当时的条件很艰苦。记得在河北正定的时候，基本上都是坐骡车。在太原的时候，省里派了一辆类似公交的大车，用于各地点参观，而其他地方都是自己解决，到了有些偏僻地方就是靠牛车和徒步。参观河南少林寺，有一天晚上还睡在一个莫名其妙的地方，章明是女生，就睡在阁楼上，那地方也不像是正式的旅店。在河北正定街上走的时候，农民穿着红肚兜，当时是夏天，我们就很奇怪，男的怎么穿这种衣服，还赶着骡车。到了登封，城里到处是黄土和土墙，地上也没有水，干得很。风一刮就尘土飞扬，大家就开玩笑说"给我们面条里撒胡椒面了"。饮

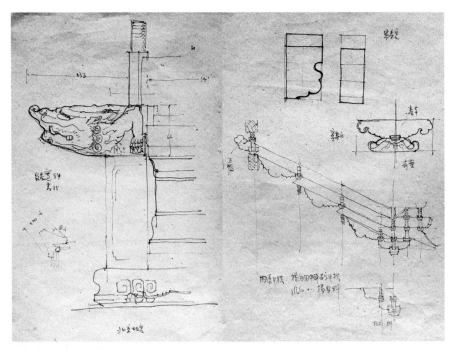

图3-4　1954年跟随刘敦桢先生进行古建筑考察现场笔记：北京故宫

图3-5　1954年跟随刘敦桢先生进行古建筑考察现场笔记：北京延福宫

图3-6　1954年跟随刘敦桢先生进行古建筑考察，与陈从周（右）合影于西安大雁塔

图3-7　1954年跟随刘敦桢先生进行古建筑考察现场笔记：封面"潘谷西草图"五字由刘敦桢先生题写

食也很差，也没什么荤菜，一般都是吃一碗清汤面就赶路了。登封当时特别穷，没什么像样的房子，全是土坯房，也没有硬地面，都是土路。当时少林寺也没人管理，可以随便参观拍照。山上有一座方碑，唐代的，在荒野里，无人看管，我们过去拍了些照片。

上五台山怎么走呢？我们从太原坐小火车，到一个叫蒋村的小站下来，然后雇了几辆牛车。那次同济的陈从周先生也去了，还带了一位姓朱的助教。晚上赶到五台县一个小店住下来，因为没有灯，什么都看不清。第二天一早天不亮就出发，赶了一天半才到五台山。下午到了以后，随即就去看佛光寺大殿，看了一两个小时，晚上就睡在佛光寺里面。我们都睡在炕上，也没有火，那是七月份，晚上仍然很冷。我和陈从周先生两人相邻而卧，他带了件雨衣，二人就靠这件雨衣避了一下寒。第二天早起接着赶路，中午天气热了，当地农民下面穿黑粗布的棉裤，上面光膀子，山里当时就是这么苦。

然后，到应县参观木塔，坐了辆卡车。过河的时候，乘客要下来，卡车先过去，人再过去。河边有个凉粉摊，北方人夏天爱吃这个。水脏，抹布也黑乎乎的，我们都不敢吃。只有"中国建筑研究室"的傅高杰吃了，他说："我肠胃好，没问题"，结果到应县就拉肚子了——盛凉粉的碗是不洗的，吃完用抹布抹一下，接着用。

虽说刘敦桢先生当时招收的4个研究生是上面的安排，但他也确实想招了。这是因为，他领导下的"中国建筑研究室"工作人员大多是绘图员出身，而非有学历，专业力量不够强。我觉得他也想招收研究生，要不他们几个人也是过不来的。不过，4位研究生1957年毕业后，都没能留在"研究室"，多数去当教师了。邵俊仪分配到重庆去了，胡思永、乐卫忠都留在了系里，乐卫忠在历史教研室，胡思永在设计教研室，章明后来去上海民用建筑设计院了。

由于上述原因，刘先生后来又留了4位本科毕业生，即吕国刚、金启英、叶菊华和詹永伟，让他们参加"研究室"的工作。他们是1959年毕业的，与鲍家声同届。因为从他们那一届开始改为五年制，所以1958年那一年没有人毕业。他们4位留下来以后就帮刘先生做苏州园林研究，叶菊华还帮刘先生做瞻园的修复设计，堆假山是叶菊华帮着搞的。后来刘先生让吕国刚到南京大学学两年英语，准备派去印度，研究印度建筑。1962年中印交恶，边境爆发战争，印度就去不成了，对印度建筑的研究也就搁置下来了。刘先生曾经以中国文化代表团成员身份访问了一次印度，那次是北京派去考察的，他的罗莱弗莱克斯相机在印度被偷了，那时候这种相机还是蛮金贵的。

中国建筑史的教学工作，实际上我是从"文革"以后开始的。"文革"前，刘先生在世的时候，都是他教的，他教得也非常好，也没有要求我们接手。后来教学改革以后，中国建筑史课程被削减成1个学期了，该课的课时量最多时是学苏联时期，有3个学期。在教学计划上，该课程的课时变化最多。后来变成"封资修"大杂烩了，课时就更少了。

"文革"以后，教育部要恢复高考招生。当时我们学校派了2名代表到北京参加会议，讨论筹备恢复高考招生的事情。其中一位是土木系的总支书记，名叫程云。我们南京工学院（现东南大学）就指定了两个专业，一个是无线电系的，一个是建筑系的，我们学校首先恢复了这两个专业的高考招生。那时候定下来全国恢复两个学校的建筑学专业招生，一个是清华，一个就是我们南工。到第二年8个学校都恢复了。从此之后，中国建筑史的教学基本上是我来搞了，而刘先觉老师教外国建筑史。园林专业招生以后，我还讲了一次《中国园林史》，后来停了。

当时没有教材，我延续了刘敦桢先生的教学技术手段：板书加幻灯片。条件也不好，也没有什么更好的办法了。板书的内容其实源自教师自身的专题研究和学习，也就是自编讲课提纲和讲稿。有的地方详细一点，有的地方粗略一点。上课的时候拿着讲课提纲和讲稿去讲，而不像刘敦桢先生那样根本不要讲稿。我还是需要讲稿的，有时候要看看讲到哪儿了。学生则主要靠做笔记。那时候我们有一台别人校友赠送的美国幻灯机，镜头很长，玻璃幻灯片。有专人在放，任课老师在前面讲，"换一张，换一张……"我自己认为在教学方面谈不上什么建树，对于本科的中国建筑史教学，唯一的贡献就是组织编写了一部教材，帮学生学习解决了参考书的问题。

## 2. 研究生培养

我是从1977年开始招硕士研究生的，1978年春季入学。杜顺宝和朱光亚两位是我招收的第一届研究生（图3-8）。近20年中我总共招收了18位硕士研究生和8位博士研究生，共26人。我为研究生设置的培养目标是：成为高等院校教师或专业研究机构的研究人员。我们作建筑历史理论的研究，要有广泛的知识基础，还要有专门的研究精神和方法，

图3-8 1980年6月带研究生在山西考察古建筑合影于五台山佛光寺
（左起：吴家骅、杜顺宝、潘谷西、何建中、朱光亚）

这和建筑设计不同，设计是实践性的，需要很多工艺方面的知识和实践探讨的经验。所以杨廷宝先生不主张招收建筑设计专业博士生，认为没有必要。建筑设计需要多实践，跟艺术设计有些相似，杨先生还和梁思成先生为此而碰撞过，梁讲中国建筑"新而中"的一套理论，杨先生说请画一个看看。我理解杨先生反对招收设计博士生是有一定道理的。因为设计做得好不好，不是靠理论多么高明，而是要看你手上的功夫是怎么样的。

我招研究生并不单看分数，还要看他是否合适。有的人我一看，他更适合做设计，而并不合适作建筑历史与理论方面的研究。比如项秉仁，他从本系毕业后，原在马鞍山市建筑设计院工作，开始招研究生时，他来找我谈，说要报考我的研究生。我说"你是设计这方面比较强，你还是应该考设计方面的研究生，你的长处是设计"，后来他就考了杨廷宝、童寯、刘光华三位先生的研究生。

从招研究生开始，我就注意所谓接班人的问题。这些人首先要符合我们的一些标准，后来就逐步根据我们的需要留下来，都是符合我们要求的。因为我要求研究生除了能够研究、写论文以外，还要有实际建筑设计的操作能力，两方面都有要求。所以我在招生的时候，如果只是设计实践方面好，写文章方面不行的话，也不符合我们的要求；有些人设计很好，但发现不一定适合我们，我就推荐他去报考设计的研究生。总的来说，实践操作水平要够得上我们的要求，然后，还要有思考和表达问题的能力，两方面都需要。

多年以来，我也没有刻意去形成一个梯队，但别人认为这好像是我们系里最好的梯队。所谓梯队，当时来讲就是我退休了，不再主持这方面的工作了，要有人接上来。现在，在建筑史研究、古建筑保护、历史文化名城保护方面，我们在南京还是打得开的，在国内也是有相当地位的。这也许就是人们认为我的梯队好的原因吧。

我希望学生能够在学术上有所建树，然后工程还是要和教育结合，一方面培养研究生的实践动手能力，接触实际，深化所学的内容；另一方面，也给自己经济上一些支持和补贴，现在申请科研经费很难。我始终认为工程一定要做，对教学和经济基础都有好处，但是也要有选择地做，不是什么活都拉来，把研究生变成工具，这样不好。作为一个建筑系的研究生，自己没有做过一个实际工程，这不算一个完整的学业。在如此认识的前提下，我从招研究生开始注意，逐步地留一点人。也不可能留很多，人只能慢慢地寻找机会一个个地留（图3-9）。

现在我看到有的教师一个人一次就招收一二十个研究生，我对此类做法始终是怀疑的。你怎么能照顾到那么多人呢？因为研究生需要培养具有独立研究本学科学术问题的能力，他跟本科生的区别就在这里，每一个人的研究方向、题目都可能是不同的，要适合他自己。一个老师怎么能照顾到那么多的研究课题和研究方向呢？这是不可能的。我不赞成

图3-9　1990年8月带研究生编制连云港云台山风景区规划，合影于连云港市双厦宾馆（左三起：成玉宁、贾倍思，前为潘谷西）

研究生的大量性生产。所以我招收研究生每年最多两三个，最多一次我招收了陈薇、张十庆、董卫三个，还有一次是张泉、丁宏伟和汪永平，这是最多的两次，其他每届都是一两个（图3-10）。研究生跟本科生不同的就是，研究生要掌握选题和研究方法，要能够预测研究结果。研究有两种类型：一是攀登，二是拓荒。必须有突破，攀登是突破，有人爬到五千米，你爬到五千零一米也是突破。拓荒，就是别人没做过的事，哪怕你只做一点点，也是开荒，不要重复别人的东西，否则不叫研究，抄袭

图3-10　1987年11月在宜昌参加中国园林学会学术会议（左起：陈薇、潘谷西。图片来源：陈薇提供）

是毫无意义的。我对研究生的选题有要求，一是要适合本人，一是要有突破。所以研究生的选题绝对不能大而泛、大而空（图3-11）。

第一届研究生杜顺宝和朱光亚，还有设计方面的项秉仁等，毕业答辩时都很紧张，不知道怎么答辩，老师和答辩委员提什么问题心里也没数，因为没有先例可循。设计方向的几个学生找老师摸底，杜顺宝和朱光亚也来找我，问我会问什么问题。我说"这不行，你们要有信心，你现在作的研究在你专业里是独一无二的，你就是专家。人家提的问题，你知道的就答，不知道的就直接说没研究、不知道，理直气壮回答就行了，不要去考虑别人怎么提问"。杜顺宝的题目是《徽州明代石牌坊》，我对他说，"你这个题目谁能提出问题啊，都驳不倒你的"。朱光亚的题目是《江南明代建筑大木做法分析》，连专门研究构造的张镛森先生都提

图3-11 1993年9月与汪永平（左）合影于南京中山陵东侧光化亭前（光化亭为刘敦桢先生设计于20世纪30年代，全用福建产花岗石建造）

不出问题。因为这个题目已经达到了足够的深度，他们都顺利通过了。

外国建筑史那边比较困难一些，他们是童老和刘先觉老师的学生，张红书第一个上台，童老提了问题，他就慌了，答不出来。他的题目叫"当代西方建筑技术的发展及其对建筑形式的影响"，题目大了，开的口子太大了，那么大的口子别人提问题方面就多了，而且他这种问题在国外别人早就研究了。当时在场的还有刘光华先生和系里其他一些老师，本来还请了杨廷宝先生的，他到北京开会，所以没有来。答辩结束之后表决，大概有两个人没同意通过，这事情就麻烦了。杨先生从北京回来后，把这个情况给他一汇报，他投了赞成票。那天的答辩，南工的院长管致中也来参加了。因为是"文革"后第一届研究生毕业，想来看看到底怎么答辩。他说这个学生不行，他答不出来问题，这样就拖了好长时间，靠杨先生补上一票后才给解决。当年的这些研究生们如今都已步入老年了，都是老教授了。有个传闻并没错，张雷当时也报考过我的博士生，我觉得他设计比较好，但不适合做理论研究工作，所以我劝他不要来。

从1987年开始，我招收博士研究生，贾倍思是我指导的第一位博士生。对于招收博士生，我更加慎重。同样都是研究，但对博士生的要求更高，博士其实是要求更专，要求成果更有分量，所以人们说"博士不博"是有道理的。虽说与硕士生培养并没有本质的区别，都要做研究工作，都要有新的突破。硕士生是第一次做研究工作，只要求他掌握方法，哪怕是一点点成功都是可以的。博士生就不一样了，做研究工作应该算是老兵了，就应该有更大的突破，更高的成绩，更深的探讨，在分量、深度和广度上要有进一步的要求。研究就是要有突破，否则就没有价值。允许失败，但必须是别人没有做出过的东西。你研究出的东西，分量不够，或者成果不显著，就很容易遭到否定，所以对学生能力和选题的考虑更加慎重。对硕士生的论文，我一般都不担心。但对博士生，我是比较担心的。我很注重他研究出来的成果，硕士生只要选题选准了，问题不会太大。除非你不努力，一般都是能通过的。但对博士生，选题也好，本身努力程度也好，达不到一定质量的话，就很难通过。按照我的要求，就是这样子的。如果别人送一篇博士论文过来给我审，要是质量不够，那我是不会同意通过他的。所以对博士生本人是否适合做这样的研究工作，选题的分量到底如何，研究的深度，投入的程度到底如何，这是需要注意的（图3-12～图3-16）。

当然，有的硕士生论文也可能达到了博士水平。但我们没有这个健全的专家评议制度啊！如果真的达到了，我看应该申请博士，也可以授予博士学位。但在中国，这不太好掌握，一旦放开了就不得了，一有缝隙，马上就有人钻空子。

从培养方式来说，硕士生进来之后，要求他们先广泛地读书。关于中国建筑方面，要求有一个广泛的知识基础。所以一开始我给他们开书单，容量大约是300本。有几个专题，如城市建设、木构、园林、宗教建筑等，要做读书笔记和报告。丁宏伟读得比较认真，做了5本读书笔记，每个专题他都写了一个笔记本。前面几届还比较认真，戴俭的读书报告他自己一直保存至今（图3-17），后面几届就放松了，我自己也放松了对他们的要求。因为有很多新问题出现，如研究生要参加一些实际工程，也影响了系统地大量阅读，难以贯彻下去。

图3-12　1994年10月考察湖北武当山道教建筑，合影于金顶金殿前
（左起：郭华瑜、潘谷西、龚恺）

图3-13　2001年4月参加郭华瑜博士学位论文答辩会
（左起：张十庆、陈薇、王其亨、潘谷西、郭华瑜、路秉杰、朱光亚）

章明同志：

您好！

久疏问候，不知现在还忙否？

我的一位博士生李海清同志，其论文题目为《中国近代建筑技术研究》。为此专程前来上海向您请教有关问题，尚祈不吝赐教为盼。

专此即颂

近安

潘谷西
2000年6月28日

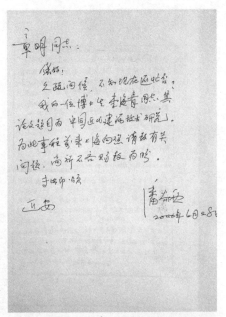

图3-14　2000年6月为博士生李海清论文调研写给上海市民用建筑设计院章明总建筑师的介绍信（图片来源：李海清提供）

二、指导教师意见

1.对研究生学位论文的主要研究内容、成果及其水平与质量的评价：

2.对研究生思想品德与学习情况的简要介绍（包括：政治思想情况、外语水平、业务理论基础与独立从事科学研究工作的能力等）：

·5·

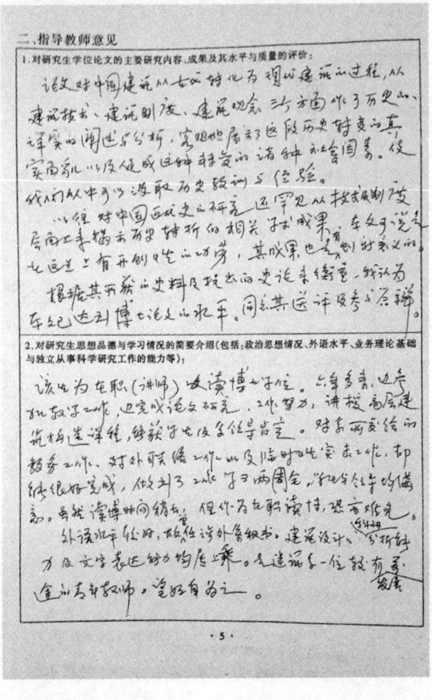

图3-15　2002年3月为李海清博士学位论文撰写的指导教师意见（图片来源：李海清提供）

图3-16　2000年6月在南京北极阁公园李海清之"半山居"
（左起：苏珊、潘抒、潘谷西、李海清，前为赵天亚。图片来源：李海清提供）

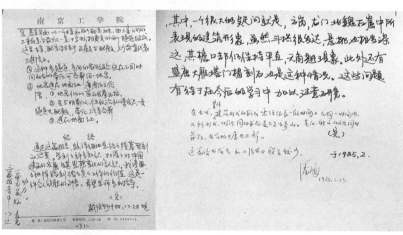

图3-17　1985年3月批阅硕士研究生戴俭的读书报告
（图片来源：戴俭提供）

　　研究生参与工程设计实践方面，我的项目都与古建筑有关，比如古建筑的修复工程。这样，就走到历史遗产保护这个方向去了，慢慢就延伸出了历史遗产保护这个领域。开始时就是作为研究生理论联系实际的途径，学习了《营造法式》、《清工部工程做法》后联系实际，使他们对于书本知识的理解更深刻一些，也可以帮我们解决科研经费问题。实际上在中国建筑史研究这个圈子里，理论研究联系设计实践这样的事，我做得比较早。因为我本来就是做设计的，做这事情我有兴趣，对我来说也不困难，后来其他学校的建筑史老师也这么做了。有的老师工程很多，历史理论研究方面就削弱了，就走到另一个方向去了。这样也好，等于开辟了一个新领域。事情都在发展，开始的想法后来不一定完全能保持下去，在发展过程中会产生一些新的东西。

　　我们的设计教学，实际上还是继承欧美的，学习苏联基本上没有动摇我们的教学内容，只是形式有些改变，如教学计划、教学大纲，而设计思想和教学方法基本上没有变。我认为我的设计思想和设计方法还是20世纪40年代末期我入学以后接受的那一套东西，也就是杨先生他们这一套，所以我觉得自己受杨先生的影响比较大。受童先生的影响不大，因为童先生不大讲话，跟我们接触也比较少。而杨先生对我的影响就比较多，一方面我做系秘书，工作上联系比较多；另一方面，他有工程会找我参加。我比较欣赏他，崇拜他，从设计思想到设计方法和技巧，我都比较倾向于他那一方面，所以杨老一百周年诞辰时，我写了《现实主义建筑创作路线的典范》。不是谁交代给我的任务，而是发自内心，自己要写的。

　　1959至1960年左右，让我去建筑历史教研组，做建筑史方面的教学工作时，我征询刘光华先生的意见，他说"你要慎重考虑啊！"。那时候就是服从组织分配，没什么其他想法。特别是1957年"反右"以后，1959年处理了我，给了个党内严重警告处分，把我的教师党支部书记、副系主任职务也卸掉了，当时情绪很低沉，也不大讲话，叫干什么，就干什么。1959年以后又来了个"反右倾"（反对右倾机会主义），我有个要好的同学，农机系的，和我同年毕业，那时候已经做到农机部部长助理了，"反右倾"的时候卧轨自杀了。1984年才把我这个处分（严重警告，内部控制使用）拿掉，纠正错误，取消处分，相当于平反了。

概括起来，我的教学工作方面，本科以设计教学为主，建筑史方面的主要贡献是组织编写了一本教材，此外还培养了18个硕士研究生和8个博士研究生，不算多，我也不赞成太多地招生，多则滥。研究生培养，主要是强调研究能力、研究方法和独创精神。建筑历史与理论专业的研究生培养目标，是成为高等院校教师或专业研究机构的研究人员。这样看来，我的研究生毕业后的发展绝大部分还是符合我的预期的（图3-18~图3-21）。

## 3. 关于古建班

"古建班"的主要工作由朱光亚负责，我参与了初期的筹划与组

图3-18　2003年6月在退休纪念会上接受建筑系主任王建国赠送礼物
（左起：王建国、杜顺宝、叶菊华、潘谷西、戚德耀、詹永伟）

图3-19　2013年6月赴澳大利亚之前与在宁众弟子团聚
（前排左起：杜顺宝、潘谷西、朱光亚；后排左起：李海清、张十庆、汪永平、龚恺、陈薇、郭华瑜、周晓棣、成玉宁、单踊。图片来源：李海清提供）

图3-20　2013年6月赴澳大利亚之前与在宁众弟子团聚，郭华瑜献花
（图片来源：陈薇提供）

图3-21　2013年6月赴澳大利亚之前与在宁众弟子团聚，翻阅历史资料
（左起：杜顺宝、单踊、潘谷西、朱光亚。图片来源：陈薇提供）

织，也讲了几次《营造法式》课。"古建班"的办学效果之好还是很明显的——学员们毕业之后，在各地文物保护修复的实际工作中还是起到了很大作用，比如黄滋、吴晓、张忠民、查群等人，他们都成了各地古建筑保护的骨干力量，社会评价也很好。"古建班"我们一共办了

四届，中间空了一年，共招收54人。我们开办"古建班"，在国家层面还是很受支持的，但由于生源和经费问题，"古建班"在1993年就停办了。当时对生源的要求是：在职的、拥有高中毕业学历的年轻人，既要有一定的文化知识，也要有一定的工作经验。但这样的人非常少，加上培养经费迟迟不到位，使我们办班举步维艰。但总的来说，其办学效果还是很好的，它相当于现在的职业教育，对学员的古建筑知识和保护维修的专业技能进行双重培训，有很强的针对性和实效性。

当时"古建班"学生毕业拿的是大专学历，也有些学生想继续深造，考研究生，但外语通不过，这就不行了。也有通过努力考上的，比如查群，考了四次，才考上了朱光亚的研究生。我当时也跟学校讲过，我们搞中国古建筑的，用到外语的机会很少，主要是用中文，尤其是古汉语，看能不能考虑一下这个实际情况，降低对外语的要求。但学校还是不同意，只要外语通不过，就不能读研究生。"古建班"停掉确实很可惜，我们当时也都很想继续办下去，尤其是朱光亚，他在这上面投入了很大精力（图3-22）。现在我们本科有遗产保护班，也可以算是当时"古建班"的一个延续。

图3-22　1988年7月在首届古建筑保护专业干修班毕业典礼上（左二起：罗哲文、汪乃珏、潘谷西、姚自君、朱光亚）

# 我的学术研究——从『父母之命』到倾情投入

在一次项目评审会上，一位相识的老规划局长问我，你这一生有哪些成就。我回答说，自己这一辈子就干了三件事：做了几个工程，写了几本书，带了一批学生。这是原话，也是大实话。著书立说是学术研究成果的主要表现形式，也是学者的本分。回顾自己的学术研究，主要有三个方面：一是从园林到理景，二是以明代建筑为主体的中国古代建筑史，三是宋《营造法式》。

搞建筑史研究，我起先并没有多大积极性和主动性，纯属"父母之命"。一开始主要是建筑史教学，后来受命参加刘敦桢先生的苏州园林研究，才逐渐深入了解，慢慢投入进去。记得有一次，刘先生专门找我谈话，说你应该写文章，文章发表了，才好升副教授、升教授，没有成果是不行的。当时觉得怪怪的，这事情怎会变成这样的呢？做一个教师，把书教好不就行了吗？另一方面，我的注意力在建筑设计上，对写文章并不在意，所以是没听进去。后来因为建筑史教学的需要，自己必须系统读书，读有关建筑史研究的原始文献，分类型、按批次地阅读，比如住宅建筑、宗教建筑、城市、园林等。再后来我自己开始指导研究生，给他们开书单，也是基于先前自己大量的阅读积累。我就是这样慢慢进入了建筑史研究的状态，并不是一开始就很积极，决心要在学术研究方面做出多大成就，而是教学工作迫使我投入进去，逐渐搞起来的。

## 1. 从园林到理景

1952年院系调整之后，学习苏联，系里成立教研组。一开始是三个教研室，设计、技术和美术。大部分教师在设计教研组，像刘敦桢先生、我和齐康等。我们助教的工作就是协助教授开展教学，岗位并不固定在哪一门课程上。我辅导过建筑设计、投影几何以及中国建筑史。所以一开始挑选我和齐康去跟刘敦桢先生搞苏州园林研究，是要我们指导"中国建筑研究室"南京分室的年轻人画图——那时候，华东建筑设计公司派过来的员工几乎都是绘图员出身，没有接受过高等建筑教育。记得刘敦桢先生曾要求我们画几张园林的图给他们示范，我画了一张网师园的西立面，国画风格的；齐康画了一张园林透视图，是钢笔画风格的。

后来齐康被派到北京市都市计划委员会，跟随苏联专家阿谢普科夫，进修城市规划，大约到1957年初才回来。所以他就脱离了苏州园林研究。为了苏州园林研究，刘先生虽然专门组织了一个写作班子，但画图就只能靠研究室的人，总是一遍遍改进才能搞出来。他们画民居、古建筑还行，但画园林的图就很难了，尤其是配景。直到1959年，叶菊华、詹永伟、金启英和吕国刚4人毕业加入进来，画图方面的总体水平才有了提高。1962年又分进来杜顺宝、陈湘等4位，直至1965年初研究室解散。

苏州园林的写作班子，主要有我、刘先觉、沈国尧、乐卫中和叶菊华。刘先生大致是给我们这样分配任务的：我负责绪论，沈国尧写布局，后来我也参与了写布局，刘先觉写建筑，乐卫中写花木，叶菊华写理水。另有十几个实例，各人分头撰写若干。刘先生亲自动笔写了"山石"这一部分。写作过程中，总是结合参观、讨论反复修改。

我第一次跟刘先生去看苏州园林（图4-1），到了现场，实在是不感兴趣：我们早已习惯于国外期刊上看到的西式园林，大片草坪上修剪

图4-1 1953年6月，刘敦桢先生偕南京工学院建筑系三年级学生考察苏州园林，小憩于拙政园西部补园扇面亭内（图片来源：吴科征提供）

成几何图案的灌木，开阔整齐，再有喷泉、水池等。苏州园林呢，虽然已经是1953年了，但很多都没有管理和整修。譬如狮子林，那么多石头乱七八糟堆在一起，拥挤不堪；留园更是破破烂烂，枯树倒卧，落叶纷乱，一片颓败景象。尤其是它的主厅"五峰仙馆"，室内装修破坏殆尽，徒有屋架、四壁，门窗尽失，屋顶损坏处还透着天光，连屋架结构的木柱都已变形。原来这里曾被国民党军队用作马厩，木柱靠近地面部分长期被军马踢、蹭，逐渐变细，断面居然由圆形变成不规则锥形了。除拙政园、网师园等处开放以外，其他园林的时运大体如此：产权、使用权和管理权原属私人，新中国成立后全都归了公，但并没有得到及时的维护和管养，更谈不上对社会开放，基本处于破败不堪的境地。

总体上看，对苏州园林印象很不好，拥挤不堪，毫无美感。我就是在这样一种认识条件和思想状态下进入研究的。可以说，第一印象很糟，根本没有感情，完全是受"父母之命"，才不得已"成婚"。但"结婚"以后，经过逐步了解，也慢慢建立起感情：深入考察苏州园林之后，发现其中还是有些奥妙。因为安排我写的有园林的布局问题，就是在空间设计处理上，讲究小中见大、欲扬先抑等，这些手法还是很有些道理的。小中见大，就是要在局促的空间里创造出宽敞的感受来，所谓"螺蛳壳里做道场"。这是东方人处理空间问题的想法和手法，以及审美趣味和实践智慧，这和西方园林的那一套思路、方法和效果实在是大异其趣的。

　　1955年教育部在南京工学院组织了一次科学报告会（图4-2），我写了"苏州园林的布局问题"一文，并在会上做了发言，后来发表在

图4-2　1955年南京工学院举行的科学报告会上，刘敦桢先生介绍关于苏州古典园林的科研成果（图片来源：刘叙杰提供）

《南京工学院学报》上。以此为基础，又进一步发展为"苏州园林的观赏点和观赏路线"，1962年发表在《建筑学报》上。前后经过八九年的摸索，才算找到门径。后来又有持续多年的积累和思考，逐渐凝练成"江南理景艺术"的研究思路。我切入园林研究的着眼点是空间和设计，而不仅限于史料挖掘和史实考证。无论是空间布局、观赏点的组织、观赏对象的琢磨以及观赏路线的筹划等，诸多方面的研究，关注的焦点都在于怎样设计，这一指导思想几乎贯彻在我全部的建筑历史与理论研究工作中。所以，我在文献考证方面下的功夫并不太多，因为原本兴趣也不在这一方面。我对于文献的研究和使用是有针对性的，需要证明自己的思想、观点或分析、归纳时，才会依据线索、有的放矢地搜集和查阅资料，把问题搞清楚。我的读书方法是"查书"，即根据研究和项目的需要，确立范围和问题，然后再系统研读有关资料。

可以这样看，我进入建筑史研究，苏州园林是早期切入口，而建筑史教学是后期切入口。"文革"之前，我主要是上设计课，建筑史教学方面，只是辅助刘先生，没做多少事。唯一具体承担过的任务，是1956年给夏祖华她们那一班讲过清式建筑做法。那时候学苏联，对建筑史教学很重视，五年制有三个学期的中国建筑史课，历史要讲两个学期，工程做法再专门讲一个学期。我真正开始独当一面地讲授中国建筑史课程，是"文革"结束之后的事情。那时候刘先生已经去世了，没办法，逼上梁山。要讲课，就要备课，就要大量阅读和思考，就再也不能三心二意，置身于建筑史研究之外了。必须全身心投入进来，要考虑问题，要进行研究。就是这样，被逼出来的。

苏州园林研究和建筑史教学，二者有个具体结合点，就是和刘先觉一道编撰《江南园林图录·庭院》（图4-3）。那时候学苏联，重视测绘教学，二年级结束时我们针对建筑学专业特点，关注建筑环境，选题聚焦于"庭院"空间的景观及其物质构成。就循着这条线索，选择了苏州和扬州的三四十个经典案例，带领学生做测绘，干了五六届，才积攒了

图4-3 《江南园林图录·庭院》封面

数量和质量都比较可观的成果，并着手筹划出版。这件事是由刘先觉具体张罗的，他当时联系在安庆制作印刷用的锌版，质量挺好，他自己坐船去把锌版运回南京来。但恰巧赶上1964年"设计革命"运动，上面号召"下楼出院"，搞现场设计、边设计边施工，建筑设计人员大多被派到工地上。在那种政治氛围中，谁敢出这样的书？直到"文革"结束以后，才得以印出4000册，反响很好，这是我的第一本教研著作。当时因为拿书号很困难，是由南京工学院印刷厂排版印刷的，没有书号，作为内部资料发行，封面上的"江南园林图录·庭院"的书名是项秉仁自告奋勇以毛笔写成。他在里面也画了两张图，一是西湖的三潭映月，还有留园的冠云峰所在的庭院，立面图和剖面图都有。他画这些图的时候，还是毕业班学生，很有才华。我记得钱祖仁也画过几张图。印出来之后很快就售罄，甚至远在美国的张雅青、喻维国夫妇写信来要这本书，我没敢答应，因为是非正式出版物，在那个时候是不能随便寄往海外的。

这本书里的部分图版后来在我主编的《江南理景艺术》中也使用过，并获了奖。东南大学出版社有一位编辑看了《江南园林图录·庭院》原书，问能否再次印刷出版，于是又搞出了现在的最新版本，即《江南园林图录：庭院·景观建筑》，是2007重新修订之后正式出版的。为此，刘先觉又增补了一些新的照片，文字论述部分也增加了不少。他在这次修订中做了主要的工作，所以我坚持请他署名在前。

在这本书中，我们采用了一些新的表现方法，比如庭院空间的剖视图，前景建筑会挡住院内的景观，而我们则把前景建筑切掉，以利于展示庭院内的景物，令人耳目一新，这在很大程度上影响了中国建筑研究室的人，后来他们也开始用这个方法（图4-4）。当然，我们也吸取了别人的成功经验，比如有一次在苏州测绘时，巧遇中央工艺美术学院的师生来写生，他们画得很细腻，连平面上灌木的叶子都画了出来，夸张一些，可以区分不同的树种，而我们之前都是画枯树；另外，他们把砖作铺地满铺画出来，装饰性很强。这些都很丰富、细腻地表达了园林空间的物质构成。我们借鉴了他们的表现方法，园林测绘图不仅画得更加精美，而且满足了建筑学科自身的诉求，具备了自己的特点（图4-5）。

不难想象，刘敦桢先生领导我们开展"中国建筑研究室"的苏州园林研究工作，在成果整理、出版方面，肯定也受到了大的政治气候的影响。一直到1964年前后仍未出版，而是在反复修改，改了五六稿。接着赶上"设计革命"运动，建筑工程部建筑科学研究院所属专门研究机构大多解散，"中国建筑研究室"也难逃厄运，很快解散了。此时，《苏州古典园林》这本书的进展状况是：有一个油印的文稿，图和照片尚未整理出来。我们感觉到，刘先生之所以一直在反复修改，拖着不出版，一个很重要的考虑是政治气候是否允许，担心这种书会出麻烦，他很可

图4-4　庭院空间新的表现方法范图1：苏州拙政园小沧浪水院剖视图

图4-5　庭院空间新的表现方法范图2：苏州拙政园海棠春坞剖视图

能并不希望尽早拿出成果公之于众。就这样，一直拖到1974年冬天，为了刘先生主编的《中国古代建筑史》出版的事，中国建筑学会建筑历史学术委员会和中国建筑工业出版社组织有关人员在承德避暑山庄文津阁开了一次讨论会（图4-6）。在这个会上，北京方面很多人都主张《苏州古典园林》也要尽快出版，他们都知道这本书的前期工作，以及价值所在。这其中，建工部工业建筑设计院院长袁镜身和中国建筑工业出版社副总编杨永生最为热心，后者甚至专门在会后和我谈论此事，并给我打气："如果要上台挨批斗，我陪你！"

这次会后，我回到南京，才开始着手准备《苏州古典园林》出版的

图4-6　1974年冬《中国古代建筑史》出版讨论会合影于承德普陀宗乘之庙（第一排左起，张静娴、刘致平、单士元、戴念慈、王世仁、乔匀；第二排左起，路秉杰、刘叙杰、杨乃济、莫宗江、北京室秘书、喻维国；第三排左起，邵俊仪、侯幼彬、杨道明、孙大章，出版社编辑杨谷生。图片来源：潘谷西拍摄）

事，修改文稿，整理图纸和照片。照片方面，刘先觉做了不少工作，主要是拍照的选点、联系、安排。正式出版之前，还在苏州开了一次审稿会，杨廷宝先生也参加了（图4-7）。关于版式，杨先生赞成做大开本，而且要用黑白照片。之所以不用彩色照片，我感觉他主要是考虑到色彩并非苏州园林的根本特点，同时也担心我们彩色印刷的质量。当然，黑白照片的味道也还是挺好的。我们当时的主要工作是：图纸基本未动，照片补充了一些，尤其是用的宽镜头，很多张照片拼起来，接缝处都作了精心修整。这些事情，摄影师朱家宝做了大量工作。另外，文稿作了微调，就是把政治上比较敏感的一些地方在文字上作了淡化处理。

图4-7　1975年冬《苏州古典园林》审稿会合影于苏州拙政园
（第一排左1喻维国、左4吴小亚、右1刘叙杰；第二排左2刘祥祯、左3杨廷宝、左4苏州园林管理处处长、左5陈明达、右2王伯扬、右3罗莹、右4杨俊；第三排左2潘谷西、左4陈从周、左5杨永生、右2刘先觉、右4郭湖生）

因为郭湖生在中国建筑研究室担任刘敦桢先生的学术助理，所以在前期研究阶段，刘先生曾派他去苏州搞调查，搜集资料。另一位专门搜集资料的朱鸣泉也在苏州待了很长时间，深入到各家各户（私家园林的原业主）搞调查，找一些世家出身的老人了解情况，做了很多基础资料工作。比如怡园，是顾家的，造园子时的主人在宁波一带做道台，他写了家书给自己的儿子，告诉他要自己拿主意，这封信也收集到了。如此深入具体的细节信息需要长期在当地调查才能获得。郭湖生在苏州开展的具体工作我不了解，但刘先生交给他的研究任务应该不像朱鸣泉那样简单，他在苏州也待了很长时间，当时还是单身。就因为这一段时间的调查，他认识了苏州博物馆（在拙政园前面）的一位女讲解员，并相恋、结婚。但后来不知什么原因，他并没有参加书稿的编写工作。

需要说明的是：刘敦桢先生主持的《苏州古典园林》，以及我自己牵头的《江南园林图录·庭院》，这两本书的工作虽然在时间上几乎是并行展开的（后者开始稍晚，而测绘几乎同时），但二者的图和文字并没有交叉重叠，更没有相互引用。我们因为整理教学成果，编撰《江南园林图录·庭院》这件事刘先生也都知道，但没有过问，我们也没有具体请他指导过。按理说，《苏州古典园林》的研究工作稍早开始，而且我们也都参与指导过画图，直接照搬其研究思路和表达方法是效率最高的路径。但之所以没这么做，而另搞一套，主要原因在于他们最终形成的那套方法和流程，我们并没有参加。他们绘图要求极为精确，用平板仪测量平面的方位角度，用经纬仪测量树的高度。可是，这些树不是每一天都在生长吗？而且随季节更替、枝叶枯荣，树冠的尺寸也在不断变化。我们觉得没有太大必要这么做，可能是因为研究视角的不同吧。当然，平面上测得准一些是好的，比如石头、轮廓、边界等，但中国园林艺术的关键并不在于这些，而是在于它表达的内容和手法究竟是什么。

首先是庭院，这是中国园林较为特殊的一种空间处理手法，很有意思，相当于中国园林的细胞一样，当然也要结合建筑。后来我写《江南理景艺术》（图4-8），专门把庭院列为一章，而且内容也组织得比较多，例如欣赏水池的、欣赏石头的、欣赏花木的，包括欣赏诗词的等等，中国文人爱用诗词来表达置身于庭院空间时的遐思，充满想象力。比如白居易，他的诗里就说沧浪之水虽然很好，但路太远，还要冒风险，还不如自己在院中构筑水池，插一根竹竿来体会荒野垂钓的乐趣。中国文人的审美体验常常借助想象和联想，遐思的空间很丰富；不是直观地认为看到石头就是石头，而是一块石头就好比山峦，一片水面就如同江海，一座画舫斋靠在水岸边就意味着我已航行千万里，甚至到后来船厅也不一定要有水面了，而是分成前中后三个舱，从端头进入，两边都开窗，就可以会意为船舱的空间。又比如水池也不必太大，后来干脆做盆池，像韩愈这样的文人都爱玩盆池。一块小小的水面，倒映了天

图4-8　2008年夏在家中翻阅《江南理景艺术》

空，而其中的小鱼，则如同遨游于大海。依靠这种强大的联想和想象力的介入，庭院空间压缩、携带和传递了生活世界的诸多信息，提供给人们一种内涵丰富的审美体验。所以，我们的研究视角是中国园林艺术的意境及其构成，它的物质实体的精确程度有多高，对于我们而言意义并不是关键。如果说刘敦桢先生研究的是苏州园林，我们则更加关注理景艺术，强调艺术二字。我也不大会去过多地关注一个院子究竟是一面空间、两面空间还是三面空间，而是侧重从意境构成和景观要素去研究其类型，像理水、山石、花木的欣赏等。不过，做成一点事情也实在不容易，江南园林的测绘，不仅有好几届本科生的教学成果，有时还得派研究生去补充测绘，比如曾经让郭华瑜帮着补测退思园，李海清帮着去核对、补测扬州个园，我自己还和杜顺宝、何建中去补测了无锡寄畅园的平面图和剖面图。

20世纪60年代，我把研究视线从园林延伸到城郊风景点，发现了一批品位极高的佳例，例如苏州天平山云泉晶舍，南通狼山准提庵葵竹山房、杭州西湖西泠印社等，前二者是僧侣所为，后者则是清末一批金石、书画家的杰作。在这些作品中，他们把建筑和环境结合得如此完美，具有极大的艺术魅力。在这些作品中，他们巧妙地利用地形，精心组织空间，采用合宜的建筑样式，没有繁琐堆砌，没有矫揉造作，显得那么朴素、真实，和私家园林相比，别有一番意趣。20世纪70年代，我又考察了绍兴郊外的东湖、柯岩、石佛寺、吼山几处由开山采石形成的景点，深深为古人在向自然索取时不忘给后人留下一个个美景而折服。虽然那时没有"系统工程"和"可持续发展"的理念，可他们的行为比那些只顾眼前利益而肆无忌惮掠夺自然资源、破坏人类自然生存环境的现代"先进"人物，不知要高明多少倍。

20世纪80年代的皖南村落考察，使我惊讶于徽州山村对环境景观建设所取得的成就，以及他们所表现出来的艺术素养，例如歙县的唐模、棠樾、雄村、许村，黟县的宏村、南屏和西递等，他们都有自己独特而优美的村头文化中心和"水口"理景，这些村头景点都是环境优美、文化内涵丰富，集中反映着村民们的精神生活内容。它们所共有的淳朴、疏朗、闲适的氛围以及山乡田园风光，则又是城郊风景点和私家园林无法企及的。

图4-9 《江南理景艺术》封面

　　至此，我对中国传统景观建设的研究视野有了进一步的拓宽，不再局限于园林和庭院，进入到了理景研究的新阶段，并进而完成了《江南理景艺术》一书（图4-9）。

　　园林方面的研究，我原来还想做的一件事是《中国园林史》。一是因为参加了《苏州古典园林》的工作，逐渐搜集、研读了不少文献资料；另外，《中国美术全集·园林建筑卷》让我主编，其范畴为中国园林，远远超出苏州和江南，为此我看的文献资料更为广泛。这里面需要回答的主要问题有：（1）中国园林是怎样一步步发展过来的？（2）中国园林的精华是什么？（3）中国园林的理论框架是什么？为此我专门写了几万字的《中国古代的园林艺术》，发表在《中国美术全集·园林建筑卷》前面的理论阐述部分（图4-10）。上述三个问题分别被表述为"中国园林的发展历程"、"中国园林的意境构成"以及"中国园林的理论成就"。我自己觉得有收获之处主要在于中国园林的意境构成分析方面，后来在专业期刊《中国园林》上也发表过。因为本来一谈到意境，总让人觉得很抽象，很玄乎，捉摸不定。而我的目标是相对具体和精确地界定中国园林的意境有哪些内涵，由哪些要素构成，以便于在设计实践中能够加以把握。关于中国园林史研究的设想，我专门撰写了一份提纲给中国建

图4-10 《中国美术全集·园林建筑卷》封面（左）及其理论阐述部分《中国古代的园林艺术》一文（右）

筑工业出版社，列入了出版计划，但最终没能完成。仅仅是成玉宁在我指导下做了一篇博士学位论文，是关于早期的中国古代园林的。后来就没有力量继续做下去了。

## 2. 以明代建筑为主体的中国古代建筑史研究

搞建筑史研究，一开始我并非心甘情愿。可以说，在"文革"以前，我对建筑史研究是三心二意，因为还惦记着建筑设计，脚踩两只船。那时候让我辅助建筑史教学，还让我讲课。实际上我也只讲了一次清式工程做法。"文革"以前只讲过这么一次，后来中国建筑史课程由三学期缩减为两学期，清式工程做法部分就取消了。这是我个人在主观方面的状况，而在客观上，那个时代政治运动很频繁，活动特别多，内容很庞杂。我们非常忙，甚至星期六晚上、星期天也要开会，占去了很多时间，难以抽出空来搞学术研究。当时我是"双肩挑"，系党总支委员、副系主任，或教师党支部书记，系里面的教学和研究工作，通常要经过总支委员会讨论才能布置下去、开展起来。院长刘雪初甚至在暑假两度亲自下到系里来蹲点，参与建筑系党总支的教学、研究和发展工作的讨论，向杨廷宝先生他们征求意见。这样一来，日常工作就很繁忙，所以对建筑史研究并没有深入下去。

真正在学术研究上全身心投入，应该是"文革"结束以后的事情。主要是因为自己在主观上转变了态度，由三心二意变成了一心一意。"文革"期间蹲了7个月的牛棚，当时心里就想，只要能让我出来，恢复自由身，让我做什么我都乐意。"文革"一结束，政治气氛缓和下来，呼吸到相对自由的空气，明显感觉不一样。再加上恢复高考，我看到了继续在高校工作下去的前景和希望，于是倾心投入学术研究。还有一件事对我触动很大，就是"文革"以后，江苏省第一批晋升副教授的名单在《新华日报》上发表，全省也不过百把人，这种形式应该说是十分隆重的。我们系里，只有张致中、我、齐康和钟训正四个人。我做了23年讲师，终于晋升副教授，突然觉得不一样了，精神状态为之一振，突然奋发起来，感觉还有很多事情可做。

这时候，我们建筑系首先恢复招生，当时全国一共只有两个建筑系首批恢复招生。1977年冬季进行考试，1978年春季入学。这样，在停顿了十多年之后，高考终于恢复了，我们也开始了相对正常的教学工作，我自己独立承担中国建筑史的教学任务。因为刘敦桢先生并没有专门留给我一套完整的讲义，所以我参考了自己上学时听他讲课所做的笔记，同时也找来大量资料阅读，就是这样开始了研究。另外，邓小平复出伊始，主抓教育，提出要修编大学教材。我们系分到了两本，一是《建筑构造》，由张镛森先生负责，再就是《中国建筑史》，由我来牵头。当时人的精神状态就是这样，只要你给我事情做，我就会全心全意去做。一接到编教材这个任务，精神很振奋，我就把本系的郭湖生、刘叙杰和乐卫忠吸收进来，另外还邀请了哈尔滨工业大学的侯幼彬和华南工学院的陆元鼎。为什么要找他们来合作呢？这主要是因为当初刘敦桢先生在主编《中国近代建筑史》的时候，就曾经邀请上述诸位组成团队，留下了一个工作基础。所以我们原本就很熟悉，一道合作是顺理成章（图4-11）。后来同济大学还曾经有人问，为什么不把他们也纳入进来。其实事情已经过去了很久，我也就没作更多的解释，主要原因就在于刘敦桢先生留下来的工作基础就是这样。

图4-11　1978年为编写《中国建筑史》教材赴各地考察，在峨眉山报国寺门前合影（左起：郭湖生、侯幼彬、潘谷西、刘叙杰、陆元鼎、乐卫忠）

要写出这样一本教材，并不是一件很容易的事情。我记得当时为此还组织大家去四川成都一带参观考察古建筑（图4-12，图4-13），编写教材工作从此开始，也就让我把全部精力都投入到建筑史研究中来了。此时，我已年届知天命。教材编写的分工是：我、郭湖生和刘叙杰写古代部分，侯幼彬和乐卫忠写近代部分，陆元鼎负责现代部分。书稿完成之后，送到中国建筑工业出版社，得到的反馈是，现代部分取消，全书推迟两年出版，也没有说明原因。因此，我感到很对不住陆元鼎。现在看来，当时出版社方面可能是出于政治方面的考虑，觉得现代部分距离太近了，说不清楚，政治上也比较敏感。后来我就寻机请陆元鼎做全书的主审，以为弥补。

图4-12　20世纪80年代考察闽浙古建筑在泉州瑞像岩（前立者潘谷西。图片来源：单踊提供）

图4-13 1985年7月考察甘肃敦煌（图片来源：黄伟康拍摄）

编写教材在当时被认为是一项仅能收录已有成熟科研成果，而不能表现自己独到学术见解的工作，甚至有人称之为"剪刀加糨糊的活儿"，所以并非人人都乐意承担此项任务。我们经过协商成立了"编写组"，成员有潘谷西、郭湖生、刘叙杰、侯幼彬、乐卫忠和陆元鼎六人，潘谷西为召集人和书稿汇总者。这本《中国建筑史》教材的初稿于1979年7月完成，由于中国建筑工业出版社回复说必须推迟两年出版，为了应急，我们南京工学院建筑系先是编印了一本《中国建筑史图集》，随后又把新编教材文字部分内部付印，供77级和78级两期学生使用。

1982年7月，《中国建筑史》教材第一版终于面世。这是我国第一本专门为全国高等学校编写的中建史教材。在随后的30余年中，此书几经修改出版，先后共印50余万册，满足了全国高校建筑类专业教学之需，也为建筑师专业技术资格考试提供了参考书（图4-14）。

图4-14 《中国建筑史》教材各版封面

　　该书的编写体例,是按三个历史阶段(古代、近代、现代)分别叙述以下各项内容:建筑发展概况;城市建设;各种类型的建筑(如住宅、宫殿、坛庙、陵墓、宗教建筑、园林等);以及重要的建筑技术、艺术、理论等专门问题(如古代建筑结构与装饰、近代建筑形式与思潮等)。这种体例,我们称之为"分类法",即着重对建筑类型和技术本身的发展轨迹和特征进行分析,而简化社会背景的叙述。由于中国古代社会(特别是封建社会)历史漫长,朝代变化繁多,如按"断代法"一朝一代去讲,势必陷入改朝换代的纷繁描述中,而建筑本身的发展特点和连贯性却削弱了,这对建筑学专业学生的学习显然是不利的。所以,早在20世纪50年代初期,刘敦桢先生就舍弃了"断代法"而采取了"纵断法"来讲课。他曾说:"从前本人讲述中国建筑史,也一向采取断代的方法,但近年来发现这种讲法是不妥当的。第一,中国的建筑艺术,虽然随着社会发展规律不断地往前推进,但西周以来,我们的经济体系以及政治文化等上层机构，长期停留于封建范畴内，以致建筑的演变比较迟缓。并且除了宫殿、陵寝和都城的平面布局以外，它的式样结构，很少因统治阶级的改朝换代，发生重大变化。也就是说，当新的封建政权成立的时候，建筑本身往往墨守前一代的规则，而建筑演变的时候，这政权也许还在维持原状，未曾崩溃。所以拿'断代法'来讲解中国建筑史，有许多地方不能和客观事实相吻合。第二，中国建筑史应当发扬爱国主义的精神，与设计课程取得密切联系，才能为发展民族形式，奠下坚实的基础。因此在教学方面，必须采取有效方法，使同学们能掌握各建筑单位的演变和特征，以便创作应用。可是'断代法'用朝代划分建筑的内容，如果对式样结构的某一项目，想了解它的起源、发展与演变，势必从各朝代内抽出有关资料，加以整理，才能获得这问题的整个面貌。既然如此，不如采用纵断法，更能直截了当"（见刘敦桢编辑《中国建筑史参考图·前言》，1953年，南京工学院、同济大学建筑系合印教学参考资料）。当年刘先生说的"纵断法"也就是现在我们所说的"分类法"。在以后多年南京工学院的中国建筑史教学中，基本上都是采用这种方法。

现在，按此体例编写的这本教材，已成为多数高校建筑院系中国建筑史教学的主要参考书，并被全国高等院校建筑学专业指导委员会列为推荐教材。至今已发行6版，印刷40余次，50余万册。第7版也已交稿待印。

在已经发行的6个版本中，以第四版的修改变动最大：

2000年，根据国家教委及建设部"九五"高校教材规划的要求，我们对第三版进行了一次较为全面的修订与增补，成为第四版。主要的变化有以下三项：

第一，古代建筑部分，根据近年来学术研究新成就，调整、充实各章内容；增加了"建筑意匠"一章；并将"古代建筑基本特征"的内容移于篇首作为"绪论"。

第二，近代建筑史部分更新了对历史事实的评价，删除了一些负面偏见；调整章节关系及内容安排。

第三，新增"第三篇现代中国建筑"的整篇内容，弥补了1982年被出版社取消本篇所留下的遗憾。

当年2月，由主审陆元鼎先生在南京主持召开八校中国建筑史教师会议，对第四版书稿开展讨论，提出许多重要意见。会后，对书稿进行了必要的修改，并根据审稿会意见增编一份中国古代建筑图录，制成光盘，附于书后，作为教学的辅助材料。光盘共收图片1300余幅，多为作者历年积累的幻灯片内容，也少量使用了公开发表的图片。光盘最初定价每张30元，经作者多次以减轻学生负担为由向出版社建议，后改为每张10元。出版社提出的精装、彩页本的建议也未被作者采纳。

此次改版，调整了编写人员：乐卫忠和郭湖生两位作者无意继续参加此项工作，改由朱光亚及陈薇二位继任。其间又邀请武汉工业大学李百浩先生担任第16章的编写。近代建筑部分则全部由侯幼彬先生撰写。还根据出版社转来的臧尔忠先生的"勘误"，复查、校勘了一次书稿内容。

从第四版起本书开始设立冠名主编人（图4-15）。

自2001年6月至2004年1月，第四版在两年半内共印刷7次，53000册，平均每年21200册。

2003年，根据互联网上读者及建筑史学者所作中国建筑教材"补遗与校勘"，对第四版作了一次认真校订，改换封面，称为"第五版"。自2004年1月至2009年8月，五年半共印刷15次，187000册，平均每年34000册。从一个侧面反映出全国建筑学专业学生迅速增加的趋势。

2008年，更换了第五版中已模糊不清的图片；对"现代中国建筑"这一部分作了若干修改；封面换用天坛祈年殿照片；并增加光盘中的图片200余幅，是为第六版。

此前中国建筑工业出版社负责此书的责任编辑为王玉容，从第六版起由陈桦担任责任编辑。

就专业学术价值而言，教材的编写，虽然主要是整理、汇总已有的

图4-15　2000年冬在东南大学召开《中国建筑史》（第四版）教材编写评审会
（前排左起：仲德崑、侯幼彬、刘叙杰、陆元鼎、潘谷西、郭黛姮、刘先觉、陈薇、贺从
容；后排左起：龙彬、刘临安、刘大平、李海清、李百浩、张兴国、程建军、张威、朱
光亚。图片来源：陈薇提供）

学术研究成果，但我们并没有满足于此。我写的那些部分，都是自己阅
读史料、深入分析研究之后的结果。比如按常规做法，建筑史的发展概
况，会按编年史的体例来写，而我在写发展概况的时候，抓住"发展"
二字，也就是仔细分析，看究竟有没有变化。有变化处加以强调，若
无变化，就不必多费笔墨。比如城市方面，历史资料浩如烟海，影响一
个城市基本状况的因素，有经济、政治、军事、文化、艺术等各方面，
非常之多，但那些都是背景性因素，着重关注它们，就变成了一般的城
市史。而我们是建筑学科，着眼点在于城市的规划布局、城市的设计与
建设，以及由此而形成的城市形态，关注这些方面在不同历史时期的变
化，对于建筑学科的学生才有具体和现实的意义。我的目标很明确，这
本中国建筑史教材，不是写给搞历史、文化和艺术的人看的，而是写给
建筑学专业的学生看的，这个专业的要求必须体现出来，他们大部分人

将来是要做建筑师的，所以我是侧重从设计、规划和建设的视角来观察、分析和研究建筑史，以便开展建筑实践时能够汲取历史经验和教训。这样做，对于我们这个专业更有价值，更实在。

应当说，《中国建筑史》教材的编写，是我开始独立承担学术著作编撰的最早尝试，也基本上取得了应有的成果。从此，我就开始专注于建筑历史与理论方面的研究，并开始招收研究生，学术研究工作进入了一个新阶段。

真正投入进来之后，我就开始考虑，在中国建筑史的学术领域里，究竟有些什么样的事情可以做。经过长期琢磨，决心重新编写一部中国古代建筑史，希望能够全面、详尽地反映中国建筑在历史上发展状况和取得的成就。以梁、刘二位先生为代表的前辈，出版的主要还是简史。于是，大约在1986年前后，我就和郭湖生商量，合作申请国家自然科学基金项目，写一部能充分反映中国古代建筑发展和成就的建筑史，题目就是《中国古代建筑史（多卷集）》。这件事到现在想起来，仍是饶有兴味。我们遭遇的第一个问题就是：国家自然科学基金委员会方面拒绝了我们的申请，理由很简单，他们说建筑史不属于自然科学。我们就写信申辩说，建筑史不属自然科学，那么梁思成、刘敦桢两位先生，不都是建筑历史与理论方面的著名学者吗？不也都是中国科学院的学部委员吗？于是他们终于同意并接受了我们的项目申报。这件事也就在北京传开了。此时，中国建筑科学研究院那边提出也要参加进来，并且还要由他们来牵头。为说服我们，他们还请出了时任建设部副部长的戴念慈，提议由他出任主编，他是中央大学毕业的老校友嘛，而傅熹年和我任副主编；同时提出，再由建设部拿出5万元资助本项目。郭湖生认为这样做不合适，明确表示不同意，甚至我们东南大学当时的校长韦珏闻听此事也很不满意。为此，我还应戴念慈之邀去了一趟北京。我记得是在他的副部长办公室谈了这件事。戴部长很客气，说希望就此事征询我们的意见，我很直率地说：我们这边的老师有意见，认为您本人主要从事建筑设计实践，并非建筑史专家，担任这套丛书的主编，并不妥当。戴部长很明智，听到我说这个话，就自己退出了。

后来我校韦珏校长还专门请国家自然科学基金委分管土木建筑领域项目的关键人物那向谦来南京谈了一次，似无结果。此事最终形成的状况是：项目获批，国家自然科学基金委将其列为"重要项目"，资助12万元，建设部再资助5万元，经费管理权在中国建筑科学研究院。戴念慈既已主动退出，丛书就没有了总主编，而是每卷分别有各自的主编。北京建研院方面负责编写两卷，两晋、南北朝、隋唐、五代是傅熹年主编，清代是孙大章主编。我们这边也是负责编写两卷，汉代以前是刘叙杰主编，元明时期由我主编。清华大学负责宋辽金时期，由郭黛姮主编。

国家自然科学基金委的项目是有完成期限要求的，我记得应该是三年。但到期之后，各项目组却拿不出稿子来。基金委方面那向谦就对中国建筑科学研究院说，那12万就算是给你们扶贫了！项目组成员们当然也很不开心。后来，我主编的元明卷于1993年春最早交稿，为此还专门开过一次审稿会，会议地点是在梅庵。把北京方面的有关学者请过来了，中国建筑工业出版社担任该丛书责任编辑的乔匀也来了。大家共同审阅初稿，提出修改建议和意见，其实也没提多少意见。最终的定稿是请陈薇送到北京去的，给出版社和基金委各一份。那向谦拿到稿子时对陈薇说，我要向你们道歉，不应该说那样的气话。交稿之后，我们当然希望尽快出来。但乔匀坚持还是要五卷一起出，这样一拖就是很多年。我们的元明卷从1993年交稿到2001年出版，一共等了8年。由于没有总主编协调沟通，各分卷都是自己主编，相互之间也没有往来（图4-16）。

现在看来，我们当时申请国家自然科学基金项目也存在失策之处。如果我们一开始就把研究团队搭建得非常齐整，甚至邀请北京方面来共同组织班子，情况也许会有不同。当时的情况是，我们这边没有一个完整意义上的研究机构，没有像刘敦桢先生那样的研究室，拥有完整的人才梯队和充足的人力资源。我个人直接带领的研究力量非常有限，只能依靠指导研究生做学位论文来逐年积累。另外，郭湖生老师后来的退

图4-16 《中国古代建筑史 第四卷 元明建筑》1999年第一次印的样书封面（左）和2001年正式出版时的封面（右）

出，也是很大损失。他不愿意做这种扯皮的事情，如果他能够全程参与，那么我们这边在力量上就更为强大了。

为什么要关注元明时期的建筑？其实，元代很短，主要是明代建筑，而这一方面是过去已有研究比较薄弱的。于是我就抓住明代建筑，把它作为一个时期，单独拿出来加以深入研究，这在过去是不多见的。从选题角度而言，清代距离今天过近；元代时间太短；宋辽金时期的建筑，营造学社已搞过很多；而唐代遗留下来的实物太少。明代建筑，不仅遗存实物较多，而且它的价值也很高，但过去却被忽视了，认为它不及唐宋时期的建筑那样有价值，其实不然。另外，人们常笼统地说"明清建筑"，将二者混在一起并提，事实上他们说的只是清代建筑，明代建筑反而被掩盖了。其实明代建筑更早，价值上也非常重要，清代建筑基本上是直接继承了明代的，包括匠人和工程做法，是被清朝全盘接收下来的。元朝的匠人到了明朝也照样继续建造宫殿，而清初维修宫殿使用的都是明朝的工匠。所以，建筑上的延续性，在官式建筑中表现得很充分。而官式建筑的变化其实很缓慢，并不是以朝代来划分的。比如清代乾隆年间有了较大变化，那时建筑非常兴旺。凡是非常兴旺的时期，都有可能发生明显变化。只有在技术上有了充分发展，才会把前面的东西改变掉。所以，建筑发展变化的划分往往是以高潮发生的时间点为依据的，和王朝更换并不一定直接关联。

既然已经认定方向，我就没再犹豫。通过指导研究生论文，对明代建筑进行了长期的、持续的研究。比如，杜顺宝做的是明代皖南石牌坊；朱光亚做的是明代江南大木作；丁宏伟做的是明代江南祠堂；张泉做的是明代南京城；汪永平做的是明代的琉璃和家具；陈薇做的是明代江南建筑彩画；张十庆和董卫做的是明代的村镇；龚恺做的是明代无梁殿；郭华瑜做的是明代官式建筑大木作，等等。就这样一路走下来，我们在《中国古代建筑史·元明建筑》中发表了大量根据第一手资料作出的描述、分析和判断，使明代建筑的历史面貌焕然一新。

由于在"多卷集"的研究过程中，对明代官式建筑的研究已经有了一定的基础，接下来就开始了"明代官式建筑范式"的研究项目，但由于精力不济，这个题目只完成了大部分基础性资料的调查、收集工作，没能最后完成。

除了明代建筑以外，我还对古代城市建设作过一些研究，比如唐宋的苏州、元大都、明南京以及明代的府县城等，虽然没有花太多力气，但也有不少收获。因为明代的地方志书很齐全，如宁波天一阁所藏志书，我们主要是通过对志书的资料收集、分类和整理，从中看出地方城市的建设面貌和历史成就，这也是过去未被注重的一个方面。从元大都的研究可以看出，以往认为《周礼·考工记》指导了元大都的城市规划，其实是有些想当然的。我得出的结论是，元大都的规划建设是因地因时制宜的产物，反映出汉蒙文化的融合，具有它本身独特的创造性，而非套用古代陈旧城市规划思想的结果。

## 3. 宋《营造法式》研究

开展宋《营造法式》的研究，也是出于教学工作的需要，因为研究生教学内容里面有这个环节。教了几轮下来就发现，过去的研究还很不够。虽然梁思成先生他们已经做了不少工作，但并没有做完，已经做出来的成果也还存在一些问题。

记得是院系调整以后，大约在1953年，清华、南工、天大的三个建筑系在北京举行了一次教学研讨会，好像也不是教育部发的正式通知，而是清华发起的。本应是杨廷宝先生和我去的，他是系主任，我是系教学秘书。但当时杨先生在国外开会，所以是由童寯先生代表杨先生去的。南工是童先生和我，清华是梁思成先生和楼庆西，天大是徐中先生，还有一位年轻教师，记不清是谁了。童先生和梁先生是宾夕法尼亚大学的老同学，又是东北大学建筑系的前后两任系主任，关系非同一般。梁先生邀请他到家里做客，童先生也带着我一起去了，林徽因先生也出来见面了。然后就到梁先生的办公室去参观，我看到他办公室里放着两张绘图桌，桌上是正在绘制中的《营造法式》的图，说明他们已经开始做研究了。

当时清华建筑系的教学秘书是楼庆西，他刚毕业不久，正辅助梁先生做《营造法式》研究，具体工作就是画图。所以，我和楼庆西很早就认识，几十年来一直保持着联系。梁先生因为兼任着北京市都市计划委员副主任，实在太忙，所以，关于《营造法式》的研究"文革"前只做了大木作及其前面部分，而小木作研究一直延至"文革"后由徐伯安接着搞，但他认为小木作里面有些东西是糟粕，比如佛龛、经柜、转轮藏之类，可以不去研究它。包括彩画、瓦作、砖作、竹作、泥作、雕作、旋作等的研究，他们也没有做。

所以，我就把这些方面做起来，例如竹作，南方人很清楚，竹篾有青篾、白篾之分，可以用竹篾做成竹索（即《营造法式》所说的竹芮索）等，但北方人就不一定了解这些 。通过在江南地区的考察和调研，我发现《营造法式》与江南建筑的关系特别密切，这一点非常重要。我做《营造法式》研究，就可以对照江南建筑的实物来进行印证，而这些在北方是不容易看到的。比如《营造法式》里记有"连珠斗"，他们没有找到实例，而我后来在苏州虎丘塔第三层就看到了。所以，我觉得《营造法式》确实需要进一步研究，因得地利之便，我们可以运用江南建筑实例来提供佐证（图4-17）。

　　为什么《营造法式》会受到江南建筑的显著影响呢？其原因就在于北宋初年，汴梁的很多宫殿和大型建筑的兴工，都要从江南地区征调大批工匠，因此就把江南地区的技术和做法带了过去。

　　另一方面，即使是宋代以后，《营造法式》在南方仍有很大影响。

图4-17　《营造法式》研究论文之一发表在《东南大学学报》上（左）和《营造法式解读》封面（右）

我曾经在苏州东山一带看到过，木柱和柱础之间是一个木质垫块，是为櫍。这东西在北方是看不到的，而南方一直到民国年间还在用。其木纹是横过来的，毛细渗水的通路就此被截断，以达到阻隔潮气上行之目的。《营造法式》里还有个东西叫"绰楔门"，我长期没有弄懂这是个什么玩意儿。傅熹年曾在一篇文章中解释过。那么后来我是怎么知道这个东西的呢？因为我们在苏州一带常看到大门的门槛很高，门槛是一块可以活动的梯形木板，高度可达七八十厘米，两侧门框下部各安有向下斜收的木条，木条上开出插槽，梯形木板可以向下一插当做门槛，也可以向上一提，拿下来让人方便通行。苏州匠作称之为"将军门"，指的就是这个东西，也就是"绰楔门"，而这在北方已经看不到了。我从文献上获知，所谓"绰楔门"是从五代的时候开始有的。如果你是国家的功臣，或一家六世同堂，那么皇帝就会敕赐在你家门上安"绰楔"。到后来，家中有人做官就可以安"绰楔"。这样我就知道了，所谓"绰楔门"，其实并不是一个单独的门或一种门，而只是门上的一组构件、一个装置，它是用来"提高门槛"、象征身份和某种荣誉的。这正是"高门槛"一说的由来，它必须高到你无法轻易跨越。这在《营造法式》中有记载，而又在江南建筑中能够找到实物，这样的例子还有很多。所以，我对《营造法式》的研究，主要是在前人工作基础上，借江南地理之便，做了一些深化、拓展和补充，也包括纠错。

应当说，理论研究的重要性，我也很早就意识到，曾计划研究《中国建筑思想史》。很遗憾，和《中国园林史》一样，后来没有精力去做了（图4-18）。

其他还有一些零星的研究内容，比如外面有传闻说我是搞风水研究的，真不知是从何说起！实际上，这也完全是出于指导研究生的需要。因为何晓昕自己对风水研究有兴趣，来跟我讨论。我认为这个选题有价值，但难度太大。其困难在于民间文献诸如家谱、族谱之类，"文化大革命""破四旧"时大量被毁，所剩的也都散落在偏远地区，

图4-18 1983年10月汪坦先生来南京工学院建筑系讲学并参观灵谷寺
（左起：张致中、汪坦、齐康、潘谷西）

要出去跑才能挖到资料。而且，还要通过实例调查，才能使实证研究
有所收获。这对于一个女生而言，确实多有不便。当时还是20世纪
80年代中期，交通远没有现在这么方便，安全方面也确实令人担忧。
但是她本人决心很大，很想做，我就同意了。我跟她说，你到外面去
调研，跑到江西啊、浙江啊那些偏远的深山里面去的时候，一定要每
周给我打一次长途电话，让我知道你的行踪以及安全状况。那时候没
有手机啊！她的干劲确实很大，到乡下去跑，寻访风水先生，实地踏
勘，什么样的车都坐过，甚至坐"二等车"（自行车后架）或徒步。为
了指导她做论文研究，我自己也得看书。我们古籍图书室有这方面的
文献，我把它翻出来自己研读、思考。功夫不负有心人，她终于把论
文给写出来了，并正式出版，题为《风水探源》。作为导师，我为这本
书做了一篇序。好了，这样一来，我居然也成了所谓风水专家了！听
说这本书的销路非常好，甚至在浙江、福建等一些地方盗版书泛滥，
那一带的人们普遍迷信风水。我的这篇序也引起了社会上的关注，甚

至上海那边的《报刊文摘》也有报道，提到我对风水的看法，我在上海的、数十年失去联系的老同学也有人从《报刊文摘》上知道了这篇文章。后来，北京、武汉等地甚至有开发商打电话来邀请我去参加某些项目的风水论证，我都回绝了。理由很简单，我不是风水先生，而只是对风水进行了一点学术研究，我不可能与风水先生同桌讨论此事。后来，我专门为此又发表了一篇文章，刊登在《南京日报》上，进一步澄清自己对风水的认识（图4-19）。

风水的核心内容，是中国古人对居住环境进行选择和处理的一种术数，其范围包括住宅、官室、寺观、陵墓、村落、城市诸方面，其中涉及陵墓的称为阴宅，其他方面的称为阳宅。风水施加于居住环境的影响主要表现在三个方面：第一是对基址的选择，即追求一种能在生理上、心理上都能满足的地形条件；第二是对居处的布置形态的处理，包括自然环境的利用与改造，房屋的朝向、位置、高低大小、出入口、道路、供水、排水等因素的安排；第三是在上述基础上添加某种符号，以满足人们避凶就吉的心理需求。

风水术其实是在科学技术极不发达的古代，人类关于人工环境如何顺应自然环境、趋利避害的朴素观念和理论认知，曾经为人居环境建设作出了积极贡献。但其知识水平是极为原始的，根本无法与现代的物理学、地理学、地质学、生物学、生态学、气象学、建筑学和规划学等相提并论。风水先生由于职业需求，必须为那些朴素的道理披上神秘的外衣，以博取信任、获得钱财。这层神秘外衣往往包含迷信、蛊惑的成分，必须加以警惕。

# 东 南 大 学

怎样看待风水

潘谷西

近年来，由于受到一部分香港房地产投资商的影响，国内一些城市出现了盖房子要讲风水的奇特现象。我也曾接到北京、武汉两地为建造大楼、"广场"而进行风水论证的邀请（~~我多数都已谢绝~~）。这种事在解放前的南京、上海也很少见到，因为在这些文化科学比较发达的城市，相信风水的人少之又少，只有在农村，还有"风水先生"的活动余地。可现在，风水竟堂而皇之地登上了大城市现代化高楼大厦的论证会，这好像科学家相信占卜算命那样，使人感到不可思议。

风水在中国已有三千余年的历史，它起源于筮卜，就是用占卜的方法确定居住地点和动土兴建的日期，所以一开始就带有请示神意的性质。其后在不断的实践中积累相地卜宅的经验，并进而用罗盘作为操作工具，用阴阳五行、八卦、气学来作为理论~~依据的~~解释，同时又掺进了大量迷信之说。从唐宋到明清，风水

图4-19（a）

东东南大学

在江南有了长足发展，并形成了不同的派别，其中以江西派（形法派）与福建派（理气派）最为突出。就总体而言，不论哪种派别，其风水内容都包含合理的和迷信的两部分：其中对于墓址的位置、容量、朝向、通风、排水、地下水、植被、视觉条件以及周围道路、河流、山丘等等进行的考察，从而作出对身心健康有利的抉择，这无疑是合乎科学原理的，也是对中国古代建筑学的一大创造与贡献。在风水的合理成分指导下，曾出现过许多优秀的建筑范例，例如著名的北京十三陵的两处位置，就是明初从江西请来风水师选定的；而皖南许多著名古村落如歙县的棠樾、许村、黟县的宏村等，也无不在风水指导下布置其出入口、标志、公共文化建筑、供水系统等重要设施，由此而形成的村内良好居住条件与优美环境，至今仍使人赞叹不已。但是由于古代科学不发达，对自然界的观察仍停留于直观感性阶段，因此风水积累的经验与有用成分也显得十分粗浅，如果和现代的建筑科学、地质学、气象学、环境科学、生态学等相比较的成就，那么，前者的不足与简陋，

20×20＝400　　　　第 2 页

图4-19（b）

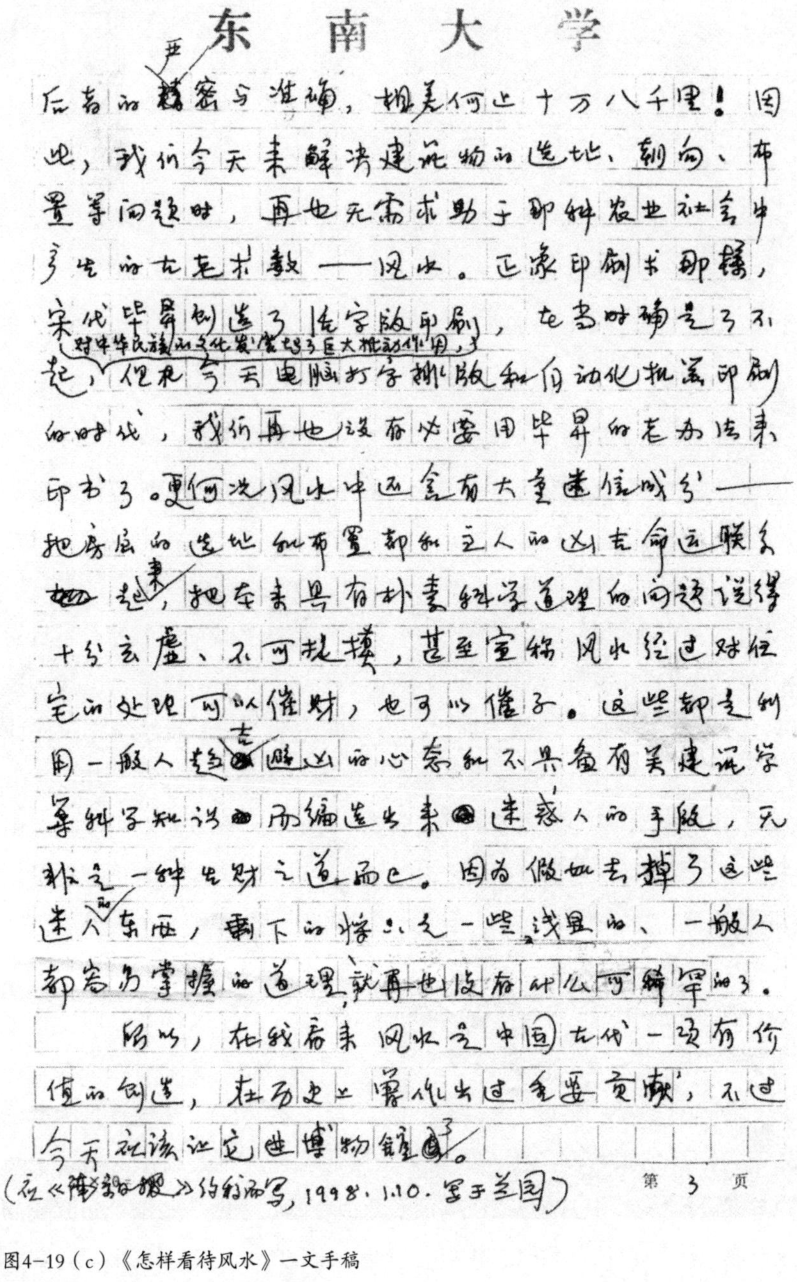

**东 南 大 学**

后者的精密与准确，相差何止十万八千里！因此，我们今天来解决建筑物的选址、朝向、布置等问题时，再也无需求助于那种旧世社会中产生的古老术数——风水。正像印刷书那样，宋代毕昇创造了活字版印刷，<u>对中华民族的文化发展起了巨大推动作用，</u>在当时确是了不起，但现在到了电脑打字排版和自动化批量印刷的时代，我们再也没有必要用毕昇的老办法来印书了。更何况风水中还含有大量迷信成分——把房屋的选址和布置都和主人的凶吉命运联系起来，把本来具有朴素科学道理的问题说得十分玄虚、不可捉摸，甚至宣称风水经过对住宅的处理可以催财，也可以催子。这些却是利用一般人趋吉避凶的心态和不具备有关建筑学等科学知识而编造出来的迷惑人的手段，无非是一种生财之道而已。因为假如去掉了这些迷人的东西，剩下的将只是一些浅显的、一般人都容易掌握的道理，就再也没有什么可赚钱的了。

所以，在我看来风水是中国古代一项有价值的创造，在历史上曾作出过重要贡献，不过今天就该让它进世博物馆了。

（在《陈涉娘》的约稿写，1998.1.10.室于兰园）　　第 3 页

图4-19（c）《怎样看待风水》一文手稿

五

建筑设计实践和教学、
科研相结合之路

　　我做过的事可分为两种：一是"自由恋爱"，比如工程设计，最初
就真心喜欢；还有一种是分配给我的任务，是"先结婚后恋爱"，比如
学术研究，一开始并不喜欢，做了一段时间之后，慢慢产生了感情。

　　我们那时候，主要是讲服从，组织上需要什么我们就做什么。我从
20世纪70年代末80年代初开始做工程，直到21世纪初封笔。也就20多
年，时间虽不算长，但做的项目数量和种类都不少。我是学建筑设计
的，不管项目大小，我都从内心喜欢。如果这辈子没有设计、建成几个
像样的房子，那是终身的遗憾。看到房子造起来，确实有一种成就感和
愉悦感。我招研究生也有要求，设计一定要过关。并且，我把工程设计
和研究生教学紧密结合起来，但我不赞成把研究生单纯当劳力使用，这
样才能实现可持续发展。

　　我的设计工作大致可以分为两阶段，以"文化大革命"为分界。
"文革"以前，主要是跟着杨廷宝先生做一些工作。那个时候工程比较
少，系里的工程主要靠杨先生他们几位老先生接。我大概是在20世纪
50年代初开始跟着杨先生，参与了些设计项目。比如雨花台烈士陵园
的方案设计，参与过做方案，其余多为跟着杨先生做一些调查研究或汇
报方案，比如去北京汇报北京图书馆新馆（现中国国家图书馆）方案，

做了发言。还有就是看杨先生画草图，用6B铅笔，勾画示意性的设计草图，感觉很过瘾。第二个阶段，是"文革"之后，大环境好了，项目多了，类型也比较丰富，我就结合教学以及培养研究生，做了些工程设计，大多与古建和遗产保护相关。

## 1."文革"之前：跟随老师做设计

我在《一隅之耕》里提到，"建筑的全部意义和价值都在于实践"，也讲到"作为一个学建筑的，一辈子不做一点像样的建筑是一种遗憾。"从这个意义上讲，我觉得现在的建筑系毕业生真的很幸福。因为，在新中国成立前我们很少有机会参与实际工程项目，那时候毕业生很少。学得好的一些学生被老师看上了，招进他们的设计事务所，去画画方案图；施工图还不行，拿不起来，还得学。还有的毕业生找不到工作，就住在学校里等机会。新中国成立后，"文革"前，实际项目也很少，我们建筑系也是靠了杨、童、刘三棵大树，尤其是像杨廷宝先生这样的著名建筑师，才有机会参加一些当时来看还算像样的工程。

我设计建成的第一个房子，好像是南大的一栋学生宿舍，是我们毕业设计时做的。20世纪50年代初期落成，两层楼，混合结构，清水砖墙。

工作以后，开始跟着老先生们做。新中国成立不久，南京市政府提出在雨花台建烈士陵园，委托我们系做方案。恐怕主要是因为杨先生的关系，才找到我们系的。这件事延续了很长时间，从1952年开始一直做到了20世纪80年代。第一次搞方案的时候我就参加了，我用6B铅笔画了一张鸟瞰图，原图大概有1号图纸那么大。可惜，经过"文革"，那张原图没能保存下来。这是我第一次参加设计实践项目。

第二次就是参加华东航空学院（现南京农业大学）教学楼的设计。1952年院系调整，航空学院迁至卫岗，委托我们系做方案。实际上是杨先生、童先生和刘光华先生为主，还有我们这些年轻助教，参与讨论、研究。这次我并没有具体深入去做，只是参与讨论。当时安排黄伟康他

81

们三年级学生具体画图，那时候他们要提前毕业，相当于毕业班，算是教学结合实践了。我记得立面还是杨先生亲自动手的。当时建筑系在中山院，办公空间比较拥挤，项目工作地点设在大礼堂二楼。现场讨论是很热烈的，童先生看了草图，说塔楼有些低了，建议要拔高。我记得童先生说："老杨啊，这个塔楼有点低了，要提高些"。当时几位老先生之间私下都是直呼老杨、老童、老刘的，很亲切随和。但在正式场合则互称先生，如"杨先生"、"童先生"，以示尊重。只有刘光华先生例外，虽然比他们几位小了十几岁，却也喜欢在非正式场合对几位老先生直呼"老杨"、"老童"，有点美国做派，美国人连长辈都可以直呼其名的。杨先生和童先生在设计风格上还是有些区别的，童先生喜欢精神一点，他画的水彩画色彩很重，很提神，对比强烈。在方案讨论阶段，几位先生都非常注重设计结合地形。当时的基地是丘陵上的较平坦地块，地面还有些起伏。杨先生当时坚决反对盲目使用推土机，虽然项目不是很大，但已经体现了他的设计理念，也可以看出来当时"民族形式"要求对建筑风格的直接影响。

1958至1959年前后，杨先生还带着我们参加了省里的梅花山宾馆项目（位于南京中山门外）。杨先生带队到山东、北京各地参观，但后来这个工程不了了之。因为那时候全国各地都搞大宾馆，中央随之采取措施遏制这个风气，工程也就下马了。后来又参加了中国科学院的一个工程，随后也没有下文。那时候，杨先生做设计项目或出去开会，常带几个年轻教师。

接下来就是1975年秋北京图书馆新馆的设计。当时"文革"尚未结束，北京向各方面征求方案，也邀请了南工。系里组织教师由杨先生领衔做了一套方案。杨先生带着我和黄伟康、王文卿去北京汇报，我介绍方案设计的工作情况，杨先生具体介绍方案（图5-1）。

"文革"前这个阶段，虽然我做的具体工作不多，但还是很有收获。学到他们几位前辈的一些设计理念和手法。和几位先生频繁接触，包括

图5-1　1975年9月在京参加北京图书馆扩建工程设计工作会议时代表南京工学院建筑系介绍方案设计工作情况（座席第三排右一着灰色外套者为杨廷宝先生）

调研、出差、汇报以及生活，通过他们言传身教，都学到了很多东西。

　　"文革"一来，我就感觉我们这些人都没前途了。我被"造反派"关了六七个月，属于"东方红"那一派的。当时已经很绝望，曾经考虑过自己有可能被下放到农村，所以我想学理发和木工，还准备了一套木工工具。心想真要下放了，我就干这些。后来在金湖农场劳动了一年，派我到食堂干活，做采购，还跟机械系一位老师学会了杀猪，我曾杀过7头猪，没有失过手。在农场，是比较自由和放松的，已经没有了政治高压的负担。

　　日子最难过的是被关着的时候，因为时常要被提出去、罚跪、批斗的。最厉害的有两次，一次是在大礼堂，一次是在大操场。大操场那次好像是全校性的批斗，那时候有所谓"老三块"、"新三块"之说：杨、童、刘是"老三块"（"建筑系三块牌子"的简称），而张致中、我和齐康是"新三块"，实际上这都是"造反派"编出来的。我已经被整得糊里糊涂，他们把我拉到哪儿就是哪儿。我还轮不上头牌的，就是上去做做陪衬，被批斗一通，喊喊口号也就完事了。大礼堂那次就更厉害了，有本系的学生和职工上台，分别对我进行批判。他们提到我中学的时候，讲过"蒋介石是民族英雄"。我一下子意识到，他们查了我写的入党思想汇报。我入党的时候，写思想汇报，确实写到"抗战胜利了，我觉得蒋介石是抗日英雄"。我醒悟过来，就说："你们看了我的档案，那是党内的档案啊。这是我入党的时候真实交代的事情"。这时候，一个二年级学生就跑过来扇了我一耳光，并且骂道："你还很有反革命骨气！"从那以后，我的右耳就有些不灵了。当时给我定的罪名也多了，什么"漏网右派"，因为1957年反右派时我讲了一些话；还有"地主分子"，因为我小时候父亲就去世了，所以户主是我，家里薄有田产；还有"走资派"、"反动学术权威"、"新三块"等。

"文革"对我个人来讲是一个转折，不仅是日常生活，更涉及个人发展道路。"文革"前，我是不太愿意把自己定在建筑史研究的位置上，我的立足点还在设计，也始终认为自己是搞设计的。一开始助教是不分教研组的，哪里缺人就去哪里帮忙。新中国成立初期全系教师只有9人，到后来13个人，教研组是学苏联以后才分的。我辅导设计课，也辅导过投影几何课，现在叫建筑制图。当时这门课是龙希玉先生讲授的，她还批评过我，问我是不是在后面打瞌睡！我说自己在中华职业学校就学过这个。后来被刘敦桢先生找去，辅助他搞建筑史教学和研究，这才逐渐改变定位。

## 2. "文革"以后：独立开展设计实践

1977年恢复高考，我们重新开始工作。当时的心情，就是你让我干什么工作我都觉得愉快。有工作了，人就好像从地狱到了天堂一样，反正什么事情都很愉快地接受了。那时候刘敦桢先生已经去世了，中国建筑史这一块本来也是派我去搞的，这时也就欣然接受了，但我不会放弃做设计，并就此发展出自己的"一隅之耕"——在建筑史这个领域里发展设计。我结合建筑历史、中国园林做设计，在建筑历史理论界是比较早的，而且数量也比较多。我接的项目都是文物保护、风景建筑和名胜古迹修复等。结合我的专业来做，结合教学来做，既培养了研究生，也保持了我对建筑设计的喜爱，这样做下来还是比较顺利的，也做到了历史研究与设计实践相结合。譬如研究苏州园林，我写过《苏州园林的观赏点和观赏路线》，是从园林规划、园林设计的角度去研究，并不只是历史考证。到20世纪80年代以后，项目就多了起来。我觉得做得比较满意的有几个，比如金坛建委，还有合肥包拯墓园、庐山东林寺、南通濠滨书苑、连云港花果山景区、高邮盂城驿以及常熟燕园等。

从1978年以后，我开始独立承担工程设计，在《一隅之耕》里讲的主要是这个时期的工作。现在来看，在这篇文章中，关于流派、主义等各方面的观点，基本代表了我的思想。从这个方面来说，我受杨廷宝先生的影响比较多，即根据当地、当时的实际情况来做设计，特别是与环境、地形的结合，这一点深受杨先生影响。他考虑问题非常细致、周到、深入，他要是跟你讲解一个方案的话，会从入口开始跟你讲，似乎是一边游览，一边讲解，一边提意见。身临其境，像是建筑漫游。实际上，杨先生也不主张什么流派和主义，现代风格的做，古典风格的也做，西式的做，中式的也做，而且都能做得很好。

我开始独立承担设计项目，是从古建筑这一方面开始的。20世纪70年代末，因为之前长期搞苏州园林研究，苏州有关部门来找我做瑞光寺塔的修复设计，我安排了朱光亚参与，他当时是我的研究生。他入学前曾在原单位基建科做了多年工程，有实际工程经验。从这个项目开始，我把研究生培养和工程实践结合起来，这样可以让学生对建筑史有更深入的理解。瑞光寺塔是建于北宋初年、带有木结构檐部的砖塔，八角形，7层。关于这个项目，争论的焦点是如何处理屋角起翘。我们认为，宋代建筑不像后来明清的苏州建筑那样屋角起翘很大。实际上，这种起翘做法是元代以后才有的。杭州和苏州留下的几座宋代石塔屋角起翘都是比较平的，跟《营造法式》一致，《营造法式》主要依据的是这个时候苏杭地区流行的式样。当时官方征调这里最高水平的匠人到北宋首都开封去，修造塔、庙、宫殿等，所以后来《营造法式》很多都是反映江浙一带的风格，特别是浙东一带的。因此，我们认为，这座塔应该和从前宋代的风格一致，而不应该是明清的那样。后来是受到福建、四川等地的影响，才开始明显起翘。但这个事情我没有精力写成文章，考证南方的嫩戗发戗到底是什么时候开始的。当时苏州那批人说，你们弄的这个风格不像我们本地的，反而像北方风格。其中有一位邹宫伍，是园林局的一位负责人。他在苏州拼命讲："这个不对，不是我们苏州的风格，而是北方风格。"就这样，我们依据《营造法式》，坚持要做平缓的起翘，而苏州当地坚持要翘高，一直僵持着定不下来。后来听说，是罗哲文先生到苏州，当地人给他讲了这件事，他就说"稍微提高一点，折中一下"，这个事情就这样定下来了。此项目做了很长时间，从1979年开始，到1990年完工，做了十几年。现在看到，这个檐不像苏州园林建筑起翘那么高，还是比较平的，实际上是做了一个折中（图5-2，图5-3）。

这期间，1978年秋天还做过一个纽约大都会博物馆中国庭院"明轩"的设计。当时是改革开放初期，纽约大都会博物馆要在馆内建一个苏式的室内园林。苏州通过北京有关方面找了我们帮他们做设计。当时我们觉得这个机会很好，也没有想过要什么协议、设计费。那时候还不像现在这么规范，我跟他们商量了一下就过去了。记得当时参加的有杜顺宝、乐卫忠、叶菊华和刘叙杰，就我们5个人过去的，在网师园的楼上辟了一个房间绘图。花了一周时间，把图纸画出来。园子大体是仿照网师园殿春簃这个院子设计的，画的图纸大概有平、立、剖5张图，1号墨线图纸，我画的是院子的一组剖面图和方案透视图，他们几个人分别画的是平面、立面和剖面图。平面图画得很细，铺地、水池、假山都画出来了。我留过一套图，可惜现在找不到了，倒是叶菊华还保存了一套，从图签上看，这套图完成于1978年10月5日（图5-4～图5-7）。图

图5-2　苏州瑞光寺塔修复后外景

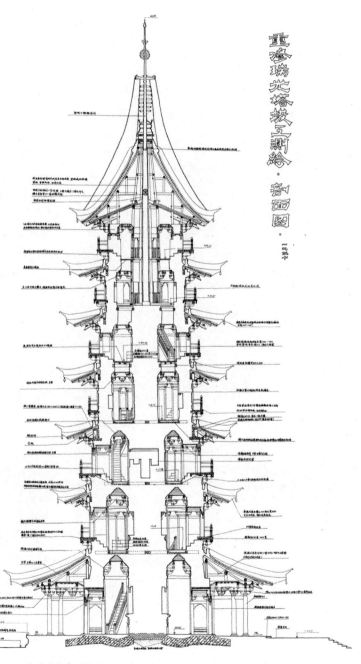

图5-3　苏州瑞光寺塔修复工程竣工测绘剖面图（朱光亚绘）

图5-4 2014年12月12日仔细察看叶菊华保存的"明轩"设计图纸（图片来源：李海清拍摄）

图5-5　南京工学院团队完成的"明轩"设计透视图（潘谷西绘）

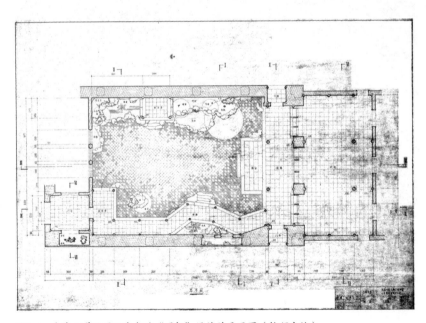

图5-6　南京工学院团队完成的"明轩"设计总平面图（杜顺宝绘）

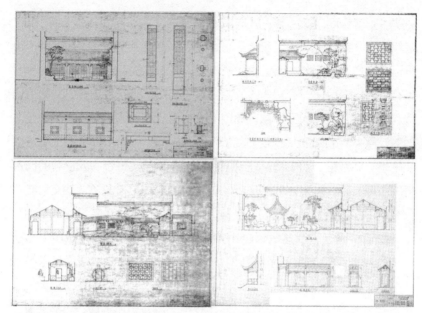

图5-7 南京工学院团队完成的"明轩"设计其他各项图（绘图者分别是：左上叶菊华、右上潘谷西、左下刘叙杰、右下乐卫忠）

纸给了他们之后，就一直没了消息，也不跟我们讲施工的事情，好像这事从来没有发生过一样。后来听说他们在大都会博物馆里施工，工人、材料都是从国内运去的。当然，他们让我们做，我们也很有兴趣做，这种项目在那个时候（"文革"后初期）是很少的，确实是个实践的机会。

1980年开始做南京鸡鸣寺修复规划，是市城建局一位老局长唐健行主张把项目做起来。鸡鸣寺在"文革"中做了工厂，是加工电子元件的，失了一次火，破坏很严重，已经不像样子了。唐局长想把鸡鸣寺修复起来，所以找了我来做方案。我的主导思想还是恢复性的。我以前做学生的时候喜欢到鸡鸣寺去画水彩，画过一个室内的观音、神龛和院景。李剑辰先生喜欢带我们去鸡鸣寺画，那里有古建筑，离学校又近。新中国成立以后，我们也喜欢到那个地方去开教师座谈会、茶话会。我记得杨先生做系主任的时候，我们没有正式会议室，鸡鸣寺东北角有个

91

豁蒙楼茶室，面向玄武湖，就成了系里的临时"会议室"了。那时候，宗教管理方面经费还是比较紧张的，在宗教建筑上不可能大量投资，庙里也没有资金，所以主要考虑还是修复。当时鸡鸣寺没有塔，在明朝时是有塔的，但早已毁去，塔的位置到底在哪儿，已无从查考。文献上记载有5层塔，现在修的是7层。周围的一些建筑都是庙里有钱之后，自己做的。原来我们做的是修复"文革"前的规模，就是山顶上有个院子，院子里有观音殿、豁蒙楼，还有墙门，没有其他建筑了。人沿着曲曲折折的山道上去，其实这样的环境比较好。后来我工程多了，就交给杜顺宝做，寺里不断要求增建了大量建筑物，整个格局由山包寺变成了寺包山。建筑挤满了，商业气氛也比较浓。后来我还为鸡鸣寺做了个慈航桥，是20世纪90年代后期建的，具体设计是郭华瑜。规划局想把城墙和鸡鸣寺连通起来，从鸡鸣寺可以直接上城墙。我当时的构想是做一个过街楼形式的建筑，这个项目虽然比较小，但效果还不错。可惜的是，后来鸡鸣寺与城墙管理处因为门票分成问题谈不拢，就没有开放，并没有真正把城墙和鸡鸣寺连通起来（图5-8，图5-9）。

　　1980至1982年间，我曾多次去九江和景德镇，做庐山风景区规划和陶瓷博物馆的设计（图5-10）。一起去的有杜顺宝、朱光亚，还有张致中先生率领的年轻教师陈励先、王文卿和赵国权等。摄影师朱家宝也去过。这事是九江市政府秘书长陈锦章通过我们的毕业生来找我们的。做好庐山规划，交给他们之后就没有下文了。景德镇陶瓷博物馆给他们做了总平面图，以后也没有消息了。那是改革开放初期，这些事都是无偿服务的。事情过去30多年了，今天想来，九江、景德镇之行只有两点还比较清楚：第一是为陶瓷博物馆选了一个好馆址，本来当地已经在昌江西岸就近处找了一块地，我去看了以后，觉得那个地方太狭小、太局促，环境不好，所以又另外看了几个地方。最后在离昌江稍远的西面已经到了共青农场的地界里，选了一块较为开阔的山凹谷地，坐北朝南，是一般常说的"太师椅"式的风水宝地。听说后来博物馆就建在那里，

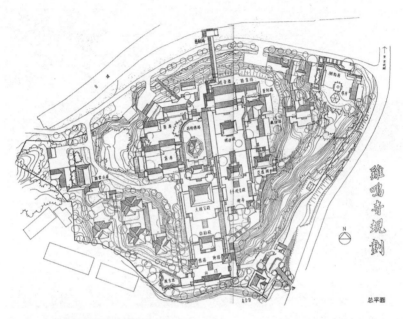

图5-8 南京鸡鸣寺规划设计总平面图

图5-9 由南京玄武湖远眺鸡鸣寺

图5-10　1980年为庐山风景区规划进行考察调研留影于景德镇东埠
（左起：朱家宝、陈锦章、潘谷西、张致中）

不过我也没有机会再去看看了。第二是在景德镇的老城区察看了一批明代陶瓷工的住宅，有意思的是它们和苏州、徽州的住宅有明显不同：苏州城里的宅院是一进一进的院落；徽州的是二层楼小天井院落；景德镇也是二层楼的三合院单院落，这一点和徽州住宅有点相似，但明显不同的是明间不做楼层，而是从地面到屋顶是个直通的开敞空间，也不做门窗，院子比徽州要大一些。原来这是为了便于在这里上架晾坯，是陶工的工作场所在。对这批明代住宅，杜顺宝有专文发表在《南京工学院学报》上。期间，陈锦章还派他女儿到南京在朱家宝摄影工作室学习摄影技术二年，以致后来九江还派专人来调查他女儿是否在南京工学院走后门上了大学。

连云港云台山（花果山）风景区的项目，也经历了很长时间，张爱华、何建中、吴家骅、郭华瑜等都参加了（图5-11，图5-12）。这个

图5-11　20世纪80年代初修复连云港花果山三元宫
（前排右起：市园林局长、潘谷西、市建委胡主任、戴慧宗）

图5-12　1989年8月在连云港大桅尖山顶，与云台山风景区管理处人员及风景区规划项目
组成员合影（二排左三潘谷西，左四市城建局长唐璞，右一陈宁，右三市园林局长陈丰
豫，前排左一王海华）

风景区对连云港很重要，也是江苏省唯一的山海结合的滨海风景点，连云港市园林管理处委托我们做总体规划和多个单项设计。花果山的一批建筑，有屏竹禅院、三元宫、玉皇阁等。还有石构的迎曙亭，在玉女峰上的青峰顶，全部用当地石头建的。

最初先要修复三元宫，是山上主要的建筑群。有一张明代的图。现在我们叫花果山，明朝时称云台山（南云台、中云台、北云台），当时都在海里面，后来大概到清代就和陆地相连了。三元宫原来是皇太后敕赐的，派太监来监工完成，所以它的山门上还留有"敕赐护国三元宫"门额。抗日战争期间，庙里的和尚参与抗日，日本人派飞机把它炸掉了。20世纪80年代初我们去看时，已经是断壁残垣，大殿屋顶没了，只留下残墙，最高也就二三米，而且建筑物质量也比较低。山门的屋顶也没有了，只留下拱券和殿身，上面都是树木杂草之类，就是这样一个情况。连云港市里想把三元宫恢复起来，先找了一位清华毕业的做设计，做了一年也没搞出来。他们就到省建委来求援，省建委副主任秦廷栋找到我。我很高兴地接受了，当时也没提什么协议或设计费。

这个项目的设计工作，一开始是何建中参与了，吴家骅也参与了一些。吴不是我的研究生，是刘先觉老师的研究生。我跟他讲："学建筑的不做工程怎么能行呢，今后上讲台给学生讲课，学生问你做过什么工程，你说没做过，那么学生还能相信你吗？"所以我让他做了九龙桥的茶室设计。这个花果山工作拖得很长，我投入的时间、精力也比较多，从20世纪80年代初期开始，到1993、1994年都还在做，断断续续做了很多工作。期间，王海华还参与做了一个九龙桥茶庵，赵辰做了三元宫西侧的一组餐饮建筑，郭华瑜做了罗汉院、寮舍等建筑（图5-13，图5-14）。

那时候交通很不方便，去连云港要么在浦口乘火车，早上出发，傍晚到；要么隔天他们派一个吉普车来接我，一早开车也得要一天。有一次下大雨，沂水上涨淹没了过河的路，花了几个小时绕路才到连云港，已经晚上9点了。我自己腰疼的毛病就是那个时候开始的。后来我们又

三元宫位于江苏省连云港市东郊云台山（又称花果山）上，原是明代敕建的一座佛寺，后曾改为道观。抗日战争期间，寺僧奋起抗日，寺内建筑被日本侵略军飞机炸毁，仅存断墙残壁及山门砖墙。1981年起，连云港市为发展旅游事业，将三元宫建为云台山风景名胜区（国家级）的主题建筑群，作为休娱、展出之用。

建筑群处于山腰坡地上，自头山门起，由蹬道联结若干台地组成大小院落多处。大殿为重檐歇山顶建筑，按明代官式建筑设计，采用无猜斗。设计中周密考虑了对古银杏树的保护，至今每年果实累累。

图5-13　连云港花果山三元宫修复工程设计图及外景

97

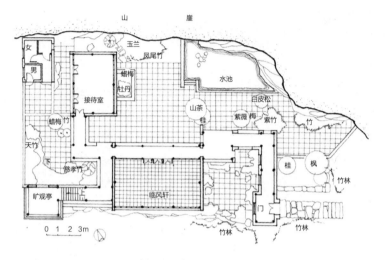

屏竹禅院平面图

屏竹禅院庭院内景　　门屋　　旷观亭仰视　　临风轩

图5-14　连云港花果山屏竹禅院平面图及实景组照

做了花果山风景区的规划。那时候还没有所谓"风景名胜区"这个概念，20世纪80年代后期、20世纪90年代才有。之前都叫"园林绿化"，后来"风景区"、"名胜区"才被提出来了，加以规划和管理，是和旅游发展同步的。所谓规划，是靠不住的，比较虚，一批一批反复做，不一定实现。

玉皇阁是张爱华做的，那地方本来有个三开间的玉皇宫，已经毁掉，因为地狭，我们改成一个阁。在海滨公园里，我们还做了一个"枯山水"庭园。日本的界市是连云港的姐妹城市，捐了一笔钱，想在中国建一座日本风格的园林。我发现在海滨公园山坡上有一块石头露出地面来，我就利用它，把周围填起来，铺上白砂，成日本枯山水茶庭，又在旁边做了个茶室，树和石头都是原地本来就有的（图5-15）。

1981~1985年做安徽马鞍山的采石公园，这个项目是马鞍山市规划建设管理部门找我们做的。朱光亚、张十庆和董卫等参与设计。这个项目我们也花了些时间，有景区大门、李白纪念馆、景区道路、三台阁

图5-15　2001年4月于连云港花果
山迎曙亭前
（左起：杨维富、潘谷西、郭华瑜）

等项目，后来又零零碎碎做了一些规划与设计。有一个六朝时期的墓，名叫"宋山大墓"，也做了保护规划，是否实现了我就不清楚了。所以我对规划的兴趣不太大，因为规划往往后来都没下文（图5-16，图5-17）。

南京夫子庙的重建是1984年开始的。夫子庙在抗日战争时期烧掉了，后成为摊贩市场。但是夫子庙的地位以及历史价值都很高。1983年前后，第一次找我做夫子庙设计的是市二轻局，要恢复夫子庙的大殿。

采石矶位于安徽省马鞍山市境内，是长江沿线著名江边风景点之一，因其景色绮丽、历史悠久、名士题咏众多而闻名于世。其中李白的吟咏最多，至今山上仍有李白衣冠冢和李白祠，是风景区内极具吸引力的游览点。

采石矶风景区由翠螺山及其山麓的平地组成，西面峭壁临江，峙立江边；东面有一条内河将山与陆地分隔开来，形成岛屿格局，总面积约2平方公里。岛上除风景区外，还有不少居民及一所中学。经规划后，中学已外迁，居民也陆续得到安置，新景点如李白纪念馆、林散之纪念馆、三元洞以及大门、亭榭、游廊、绿化等相继建设，整个风景区的面貌有了很大改善。

原有大门风格与风景区要求不符，故拆除后重建，并增设门前广场及停车场。门屋改用古典建筑式样，五间悬山顶，使之与整个景区的建筑风貌相协调。

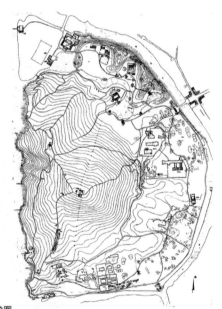

规划总图

图5-16　安徽马鞍山采石矶风景区规划设计总图及各景点组照

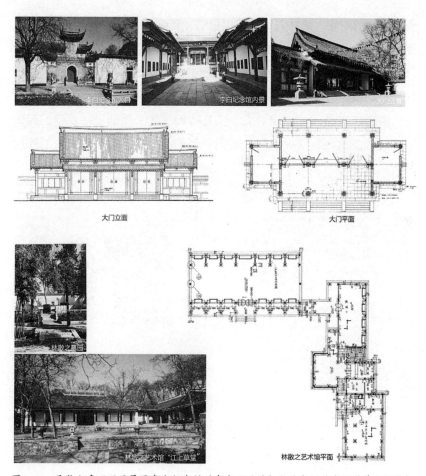

图5-17　马鞍山采石矶风景区李白纪念馆（朱光亚设计）和林散之艺术馆（单踊设计）
设计图及实景组照

怎么恢复呢？他们要求做两层楼的房子，里面做成一个商场，外面看上去像一个文庙的大殿，他们是想抢占商机。这怎么可以？夫子庙怎么能变成商场呢！我说这个不行，最多做一个地下室，用来经商。后来，张耀华市长也不赞成做商场。这个事情就没有按二轻局的想法去做，二轻局退出了以后，就由市里面来操作，正式把它作为一个古建筑恢复项目。开始的时候，园林局只做了棂星门，庙没有做，戟门、正殿还有后面的尊经阁都没有做。后来中间这一路的庙，是我和陈薇、张十庆、崔昶做的，崔昶做的是尊经阁。20世纪80年代我做的古建筑，南京夫子庙算是比较完整的一组（图5-18）。

夫子庙东西市比较晚一点。王文卿和丁沃沃做的设计。我们只做了中轴线的这些，从大成门一直到后面的敬一亭，按明清文庙的规制做的。这个项目也做了好几年，是请苏州古建公司来施工的，做的还

夫子庙位于南京闹市区的秦淮河畔，是南京古城重要象征性建筑之一。庙创建于宋朝，明清时期因苏院地区乡试集中在庙侧的贡院内举行，因此夫子庙地区成为江南文化中心及热闹的商业区。抗战初期，庙毁于日本侵略军。1984年起南京市开始以夫子庙为起点的秦淮河风光带的建设，此庙逐得以重建。

重建的夫子庙按明清时期的孔庙与学宫规制。恢复了棂星门、大成殿、尊经阁、敬一亭等建筑，式样为清代江南建筑风格。并修缮了学宫的有关建筑。

夫子庙现已成为南京重要风景名胜地，为来南京的中外旅游者必游之地。该庙的建成不仅带动了南京旅游业的发展，还对地区商业的繁荣产生了巨大的推动力。

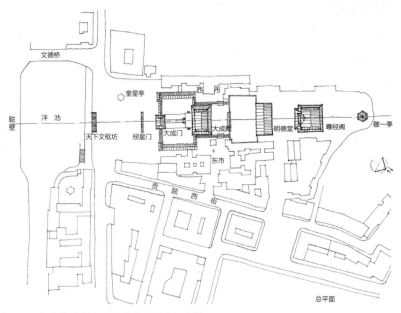

图5-18　南京夫子庙重建设计总平面图及外景

不错。但是，古建筑屋顶正脊上的龙什么的，我本来做的设计是没有的，觉得太花里胡哨了。一次开会时，我带了外校的老师去参观夫子庙，我说夫子庙大殿屋脊上塑的双龙戏珠，是苏州匠师们的创造，非我本意，最好拆掉。吴良镛先生就说，已经做了就不要拆了。后来我就没去管它了。

庐山东林寺，是赵辰参与做的，当时他还是研究生，这也是他的第一个项目，结合学习《营造法式》的。开始比较困难，因为他没有搞过实际工程嘛。当时的东林寺住持是果一法师，现场环境比较杂乱。钢筋混凝土框架起来了以后，我去看过一次，建成以后我就没去过。这个工程对赵辰的压力蛮大的，他说到工地上害怕，怕被人问住，他没做过这样的工程。我说怕就好啊，有压力就有长进啊。东林寺的大框架是钢筋混凝土结构的，屋顶部分是木结构的。因为屋顶如果用现浇混凝土的话，有个斜坡，现浇很不容易掌握，所以做不好。屋面用木结构比较好做一点，也比较好修理。混凝土结构不好修理，我们看到很多现浇的，年代久了以后，檐口出现钢筋裸露，或者混凝土脱落的现象。木结构好修，混凝土结构不大好修。当然，用木结构还是钢筋砼结构，要看具体情况，要看当地施工条件和材料条件。如果跨度过大，就得使用钢筋混凝土了。比如之前的连云港三元宫大殿，用了两根12m长的木料做梁，断面高度达80cm，这个料子很难找，他们就跑到全国各地去找，找了两根进口的美国松，拖上山很难，没办法了，只好请军队出动拉上山，拐弯的时候车子翻掉了，好在人没事。这么大的东西，用钢筋混凝土结构肯定比较容易做，所以大构件用混凝土比较好，小构件用木结构比较好，施工不难，维修也好办。

1985年，黄伟康在合肥向该市副市长推荐我来承担包拯墓园复建的规划设计。原来的包拯墓位于合肥东郊约十公里处，已在工厂建设时毁去，市里想在市区城濠绿化带的东南角把它重建起来。这块地正好在包公祠前面隔濠的左侧。我就按宋代二品官制的墓园，一次布置了照壁、双出石阙、神门、石仪、享堂、方上、附墓区和地宫等要素，并按宋《营造法式》的做法设计了享堂、神门等单体建筑。这些设计都是戴俭完成的，施工由歙县的古建公司承包。由于地处闹市的干道旁，我们用高围墙来阻隔噪声，对原有树木也予以充分利用，所以完工后效果较好，各方面都很满意，这也是我做的比较成功的一个项目（图5-19）。这里边，除了领导重视、经费有保证外，包拯墓筹建处主任张林和当地

包拯墓园在合肥市东郊外约十公里处。因建工厂而被毁。
1986年，在合肥市区内辟地重建。

包拯是中国历史上著名清官，深受后世崇敬，合肥人民引以为骄傲。重建墓园选在市区风景优美的环城公园内，与包拯祠相邻。现已成为合肥市重要名胜游览地。

包拯管制枢密副使、参知政事，死后赠吏部尚书衔，属二品官阶。故墓园按宋代二品官墓制设计，其布局为沿中轴线依次展开照壁、双阙、神门、石仪、享堂、坟丘（方上）等，一侧为包拯家人墓。地面建筑全按宋官式建筑（宋《营造法式》）设计，地下建筑则按原墓测绘数据建成。墓区保留众多树木，使之形成了肃穆静谧的环境氛围。

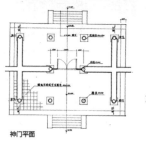

神门平面

享堂正面

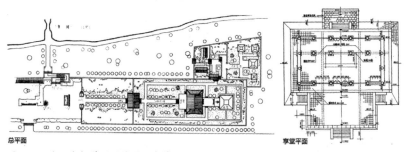

总平面　　　　　　　　　　　　　　　　享堂平面

图5-19　合肥包拯墓园设计图及实景组照

图5-20 1987年10月1日在合肥包拯墓园落成典礼上
（右为该项目筹建办公室主任张林）

的文史专家陈如峰的热情工作也是一个重要因素，他们两人对包拯墓园工程的成功起了很大作用（图5-20）。这个设计项目我在《建筑学报》上曾撰文介绍过，现在包拯墓园已成为合肥市的一处名胜景点。

陈薇后来帮我在徐州做了个黄楼，在黄河边上。为什么叫黄楼呢，因为苏东坡在徐州当刺史的时候，有一次黄河发大水，苏东坡就三天三夜守在城墙上，那时候城墙就是一个防洪堤，动员全城的人抢救。水退了后，当地老百姓为了纪念这次抗洪成功，在城墙上建了一个楼，就叫黄楼。它的选址在废黄河的河岸，本来应该是在城墙上，城墙现在没有了，但大致的位置还是在那里。黄楼的尺度比较大，我当时是这样考虑的，如果在一个开敞的地方，它的尺度相对可以放大一点。原来城市也小，城墙规模也不是很大。现在城市规模扩大了，相对而言，后建的东西要放大一些才好。在南通做濠滨书院的时候，那几个亭子很大，来施工的苏州古建公司说，他们开始也觉得亭子太大，没做过这么大的亭子。做完看看，才觉得需要这么大。这是我们刻意放大的。在那样开阔的地方不能太小，尺度问题在建筑设计上很重要。

进入20世纪90年代，做了一些历史建筑的修复设计，也是文物建筑的保护工作，这和一般的建设不一样，是按照文物法做保护规划和设计的。这类项目在南京做了不少，例如南京的三明：明城墙、明孝陵和明故宫，我都参加了一些工作。南京明故宫的保护规划是我首先提出要做的，做了一个方案出来。当时南京明故宫还只是省级保护单位。明孝陵主要是让丁宏伟做了一些文物方面的维护，还有郭华瑜做了方城明楼的楼屋部分的恢复工作。明城墙是文物局来找我的，咨询怎么保护、怎么修缮。对于南京的建筑文化遗产保护，后面将做专题回顾。

文物建筑修复方面，常熟燕园的工作很有价值。"文革"时，燕园成了一个皮革厂，里面原有清代的一座著名假山被毁了，是由清中期著名造园家戈裕良设计的，苏州耦园里的假山也是他做的。过去的造园家叫"山匠"，因为是做假山的。但戈裕良也是个文人，画画、写诗、作文，较有名望。戈裕良留下的作品仅存两个，一个是苏州的耦园，一个是常熟的燕园。耦园假山的石头有棱有角，外形如国画的折带皴，色偏黄，所以叫黄石，而燕园里的假山用的是湖石。这种"山匠"应该也会做一些布局、规划，但主要是做假山，房子肯定不是他盖的。一般来讲，园林的布局设计是由主人和画家、文人一起讨论的，再由主人决定，而假山则是庭院景观的主体。当时修燕园的难点主要是在假山的恢复，假山并不大，西面一部分，东面一部分。假山西面有个洞，溪水从洞里出来。东面的部分基本被工厂毁掉了，恢复起来很不容易。燕园的总平面是个长条形的，假山有两个，一个在厅前，一个在厅后。厅后的假山就是戈裕良的作品，厅前的年代似稍晚。厅后假山的后面是住房部分，假山前面有个水池，做得很精致。在厅的前面还有一个假山，所以厅的前后都有景观，厅实际上是一个观景点。当地有位建委主任朱良钧，同济大学毕业的，学规划出身，他非常有兴趣，亲自监工，非常敬业，很多事情主动来问我，虚心听取我的意见，这样做出来的效果也比较好。所以做这样的修复工作，当地需要一个懂行的人来主管，否则做不好（图5-21~图5-23）。

图5-21　常熟燕园内景：步云桥与白皮松

图5-22　常熟燕园内景组图：三婵娟室（左）和五芝堂（右）

图5-23　常熟燕园考察（左三潘谷西，右一陈薇，左二为常熟市建委主任朱良钧，其余为当地有关部门负责人。图片来源：陈薇提供）

　　燕园的鸟瞰图是我自己用钢笔画的，但笔触有点国画的味道。要恢复的厅的平立剖面图是潘波画的。项目耽搁了一阵，等皮革厂搬走后才正式动工（图5-24）。规划是20世纪80年代做的，正式动工是在20世纪90年代。修复后，燕园成为全国重点文物保护单位（图5-25）。假山的设计，很精确的工程图是画不出来的，只能在现场边看边调整。施工过程中请我去看过两次，我具体给他们讲，哪些石头要动，哪些石头要减掉。堆假山这种事，不在现场说不清楚。假山很复杂、很不规则，图上很难表达清楚。我主要是将琐碎的石头加以整理，不能像狮子林那样琐碎。假山的表现，应该彰显山体的自然态势，而狮子林的假山完全是琐碎的堆砌。燕园的修复设计主要依据童先生的《江南园林志》，上面有些照片和平面图，已经超越了任何文字记述上的资料。若干年后他们重新做，也不一定完全按照我们设计的那样做。规划就是这样的，一到

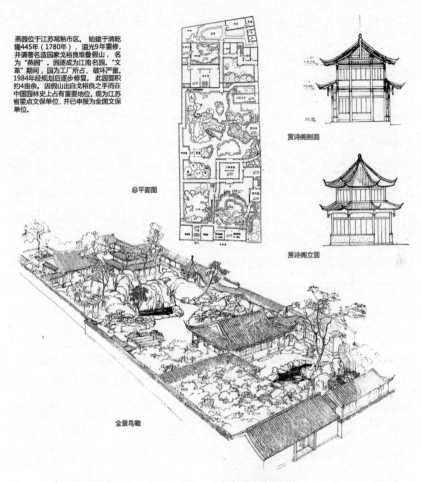

燕园位于江苏常熟市区。始建于清乾隆445年（1780年），道光9年重修，并请著名造园家戈裕良堆叠假山，名为"燕园"。园逐成为江南名园。"文革"期间，园为工厂所占，破坏严重，1984年经规划后逐步修复。此园面积约4亩余。因假山出自戈裕良之手而在中国园林史上占有重要地位。现为江苏省重点文保单位，并已申报为全国文保单位。

总平面图

赏诗阁剖面

赏诗阁立面

全景鸟瞰

图5-24　常熟燕园修复工程设计图（设计、绘制者均为潘谷西）

图5-25　1999年5月常熟燕园修复工程验收会（左二起：叶菊华、詹永伟、潘谷西、戚德耀、龚良、章忠民）

什么时候他就变了。而这个工作可以叫修复，但不能算复原。在建筑遗产保护领域里，"复原"是不能随便提的，除非你有充分的依据，否则只能说修复或修缮。历史建筑，修复到什么年代的状况，也很有讲究。所谓修旧如旧，并不是要一律修复到原始的样子，也可以修复到它在某个历史时段的状态。修旧如旧，旧到什么程度，很含糊。比如说一座塔，经历了明、清和民国等各个时代，而且在历史上每个时期都可能进行了修缮。所以，我们在做修复的时候，可以将它修复到历史上某个阶段的样子，而并不必须彻底复原到最初的样子，这要看你有多少足够充分的依据。中国建筑，特别是园林，历史上每个朝代都要修。如果有20年不修，就衰败得一塌糊涂。

另一个修复项目，是高邮的盂城驿。主要是郭华瑜参与的，1994到1996年做的，现在也是全国重点文物保护单位了。它其实相当于古代一个城市的招待所和邮局，驿站里有个驿丞，相当于领导，还有驿卒，也就是士兵，配备了一些客房，有几十匹马，还有若干条船。而"邮"则是驿站管理的另一条线，"驿"其实相当于公家的招待所。驿站一般是10里路一站，带着公文的官差跑到一站就交给下一站，再接力传递，日夜兼程。到了比较偏远、位于支线的地方，一般是20里甚至是30里一站。

高邮当地有一个姓陈的木工师傅，比较有经验，我们把他聘请过来做监工。我去踏勘的时候，盂城驿就在运河边上，略微沉陷下去，内部已经破败，成了一个运输合作社，都放着很多板车。门窗已毁，木构架屋顶还在。实际上，这个驿站在明代晚期已经停用了，被搬到另一个地方。建筑内部，从形制上看，只有后厅是比较老的，是明末清初的建筑，其余都是后期建的。建筑布局是从门厅、轿厅、大厅到后厅。后厅是会客的地方，一般都是熟悉的朋友或亲人聚会用，大厅是正式办事宴请用。大厅对外，后厅对内。我着重抓住后厅这一部分，因为前面部分是修复，而后面部分则需要比较精心做设计。比如后厅的木柱，下面坏掉的部分，就接一半，不把它全换掉。房子基本上没有落架，而是把瓦拿掉，将构架撑起来修。所以有些柱子是半老半新的。驿站外面的路面比院内、室内要高，这个问题没有办法解决，就做了排水沟拦一下，门槛也比较高。其实下沉也不是很多。后来在旁边还加了鼓楼、马神庙等（图5-26~图5-28）。

修复项目主要就是这两个，后面做的就是一些名胜、景点、古街、古建筑的设计。李海清参与了高邮南门大街古街整修保护，和街头牌坊、秦邮亭等的设计（图5-29~图5-31）。

图5-26 高邮盂城驿修复之后的鼓楼外景（"鼓楼"匾额题字者为潘谷西）

图5-27 高邮盂城驿内景组照（右图来源：陈薇提供）

图5-28 高邮盂城驿修复之后的庭院鸟瞰

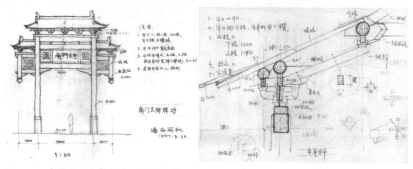

图5-29 高邮南门大街整修保护设计草图
（左为大街入口牌坊、右为秦邮亭上檐构造）

图5-30 高邮南门大街整修保护工程竣工之后实景组照

图5-31 20世纪90年代中期在高邮考察文邮台遗产保护工作

　　1991到1992年，我在安徽滁州琅琊山做了一个碧霞宫，在琅琊山的山顶上。那个项目也没有历史资料，原来他们请了合肥的设计单位去做。项目在山顶上，已经建成了叫会峰阁的建筑，又在阁的旁边准备做几栋房子，周围没有围起来，当地不满意，就找到我来做。赵辰、陈薇和王海华参与了设计。我们设计成两组院落，在主院落中，大殿对面是一个碑亭，是陈薇设计的，大殿是王海华设计的，旁边的茶室，包括附属建筑，比如餐厅、厨房等是赵辰设计的。还做了一个桥，但后来水池被填了，桥也拆了。这一组建筑，主要是利用山地高差，围成一大一小两个院落，大的是庙宇部分，小的是服务部分。可以说，我做项目，在空间处理方面，主要是院落的运用（图5-32）。

琅琊山的这个项目没有要设计费，我请他们帮着装修我的办公室，柜子都是他们做好了运过来的。

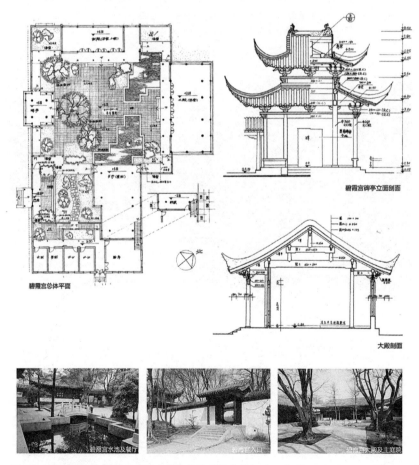

图5-32 滁州琅琊山风景区碧霞宫景点设计图及实景组照

　　琅琊山风景区还有个同乐园，应该是1997到1998年做的，同乐园比碧霞宫的建筑规模要大一些，是利用废弃采石场的塘口峭壁设计的，属于废物利用。这个项目，我没有带研究生做，而是当地聘请人来协助我（图5-33）。琅琊山管理部门的一位张处长，当时是想做一个娱乐性质的场所，因为进了山门以后没地方去。我建议他，里面有一个弃地，开山采石以后，石头堆在那里，长满杂树野草，荒在那里，把山的景观

琅琊山位于安徽滁州西郊，因欧阳修《醉翁亭记》、《乐峰亭记》的记述而名扬天下。现为国家级风景名胜区及森林公园。

同乐园位于琅琊山醉翁亭之西。此地原为多年开山所留池塘，久未开发。设计中利用石壁作为风景主题，沿壁凿石开池注水，厅堂、高阁、亭榭等建筑均面石壁而建，形成对景，再以游廊联络而成院落。在这里可以举行小型会议、文化娱乐、书画展出、小型演出等活动，环境幽静、风景优美，为滁人增添了一处游览休娱胜地。用欧阳修《醉翁亭记》"醉能同其乐"之句意，题为"同乐园"以示上同下乐、老少同乐之主旨。

清风明月台位于琅琊山深秀湖备案，为景区内休息、餐饮场所，周围配有停车、小卖、游船码头、管理等设施。
建筑物面湖临水、背倚山林，西南与主峰山巅的会峰阁遥相呼应，互为对景，因夏日可迎东风，故提名为"清风明月楼"。

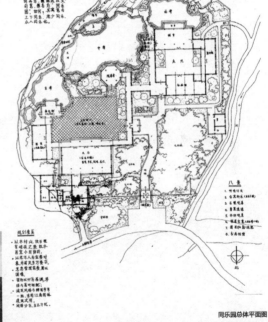

图5-33　滁州琅琊山风景区同乐园设计草图及实景组照

也破坏了。我就因借这个地势，做了同乐园。我之前做风景区规划的时候，已经发现这个地方，距离著名的醉翁亭也比较近，又是上山的必经之地。所以在这儿，靠着石壁来做，把地上堆着的沙石清掉，之前石壁看上去不是很高，我们就在壁底向下稍稍挖一些，做成水池，石壁马上就显得高了许多。同乐园也是院落建筑，石壁朝西北，房子是正南北向。我有意在院子里做了一个高耸的八角形亭子。他们问我，这个亭子摆在这里是否太显眼，我说造这个亭子就是要打破石壁横向一条线的单调，他们就同意了，而且觉得很好（图5-34）。这个项目的平面图是我画的，具体的工程图纸是滁州市设计院一个年轻人画的，单体图都是他画的，做得还不错。他毕业于合肥工业大学，后来去同济读研究生了。其实，前前后后我在琅琊山做了不少东西，但很多没有实现。后来何建中还帮他们做了两个寺庙，也没实现。主要是资金问题，很多项目做不起来。而同乐园做得最成功。

在琅琊山风景区深秀湖还做了个清风明月楼（图5-35）。深秀湖原来的一条堤是横切湖面直接通过来的，把湖分成大小相近的两片，我建

图5-34 滁州琅琊山风景区同乐园
（图片来源：李海清提供）

图5-35　滁州琅琊山风景区深秀湖清风明月楼
（右侧两层建筑，图片来源：李海清提供）

议把它去掉一截后拐个弯，拐过来后做一个桥和岸上相连。这样可以使湖面大小变化，堤曲折有致。又在湖边做了清风明月楼，当茶室用，还可以看到山顶上的会峰阁，构成对景。

在琅琊山还做过风景区规划，但后来都没有下文了。所以我对规划没兴趣，做了以后要么不实现，要么就请另一批人重新做。

南京阅江楼，是杜顺宝设计的。做方案的时候跟我商量，我说这个楼要跟黄鹤楼、滕王阁有所不同。长江的走势从这里开始有了变化，由西南东北走向逐渐改为西北东南走向，楼的形体处理应该顺应长江走势这一转折，创造出更为丰富的景观环境。后来他采纳了我的建议，推敲的时间也比较长，一折一转，化解了巨大建筑体量的笨重，比较秀气和灵动。所以搞设计还是推敲的时间充裕些，大家提提意见比较好一点。

南京的雨花阁，是20世纪90年代曹春平帮着做的（图5-36）。建成后我反复从各个角度去看，在雨花台里面看还是不错的。从外面城市道

图5-36　南京雨花阁近景
（图片来源：李海清提供）

路上看有点儿僵，这是我的一个心结。当时雨花台烈士陵园的负责人请了施工单位来设计，我看后不满意。后来我做的是周围有一圈廊子，一个台子，中间是个阁。但阁有个失败的地方，我考虑结构稳定性，把八根内柱直接捅到屋顶上，所以看上去不够灵动。外面一圈廊子，如果把窗做出来就比较好些。建造的时候，规划局方面有人认为太高，我解释因为周围的树要长高，在山顶开阔处，建房不能太矮。柳宗元说过，景观有两种，一种是奥，一种是旷。奥就是尽量曲曲折折，不用很开阔；旷则尽量突出其本身，要开阔，所以我做的时候就尽量做到旷。做设计还是要多推敲，我觉得雨花阁还是推敲得不够。建筑不应被结构绑架，否则就会吃亏。

南通的濠滨书苑（现名为濠西书苑），规划是徐千里和李海清参与做的，李海清完成了单体设计，工程做得也比较满意，和环境协调做得比较好。我们下工地时，正赶上屋脊上装兽吻，采用琉璃瓦厂的标准化产品"龙吻"，他们想省钱。我说不对啊，我们图纸里面有专门设计的，仿清式的，经过简化处理的卷草纹，你们得换掉（图5-37~图5-42）。

后来他们确实按照我的要求换掉了。还有些细部不够地道，比如歇山顶悬鱼，我们没有放大样，而当地设计院欠缺抽象提炼能力，建成之后显得笨拙有余而灵动不足。工程设计就是这样，总难免有遗憾。

金坛建委大院，还是值得一谈的。该项目比较特别，建成使用后的效果也不错。单踊和李海清两位共同参与，是我们三人1995年合作的。时任金坛市副市长兼建委主任的冯俊直接抓了这个项目。他起初就设想将做成园林化格局，可能他事先参观过上海西郊宾馆，对园林化格局有所认识和期待：以绿化为主，大面积的绿地，建筑都掩映着在绿树丛中。而他给我们提供的这块地只有约70亩，还达不到他理想中的标准。那里原为一大片桃园和菜地，春季去看现场，满地油菜花。

其实当地设计院已经做过一轮方案，但他感到不满意。所以才通过学校有关部门来找我们做，经过几轮草案的比较、调整和完善，最后终

濠滨书院在江苏南通濠河风景区（省级）的西北隅，东临濠河，西靠城市干道。

书院有风景区办公室、展览厅、书画棋牌室、茶室、小吃部、歌舞厅等组成，是一座综合性休娱建筑，也是水上游线的一个重要景点。临河一面作高低错落、形式变化的亭子五座，最宜在此休息、纳凉，也是河上游观一景。从南通电视塔俯瞰，书院及五亭屋顶构成的第五立面映衬于碧水绿茵之中，显示出中国古典建筑的特有风采。

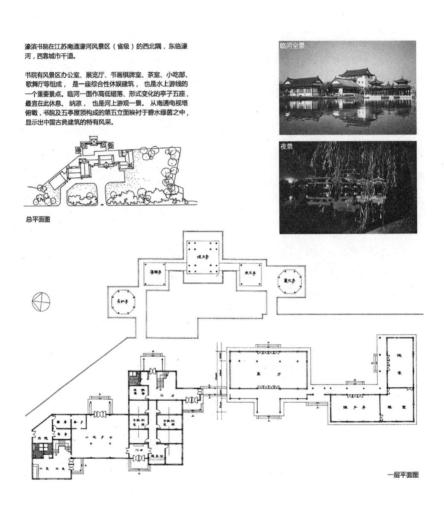

临河全景

夜景

总平面图

一层平面图

图5-37　南通濠滨书苑平面设计图及沿河实景组照

120

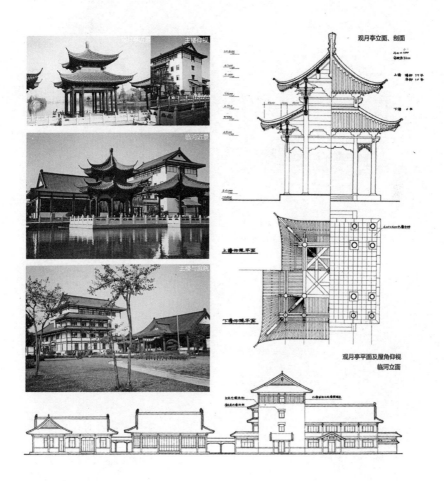

图5-38　南通濠滨书苑单体建筑设计图及实景组照

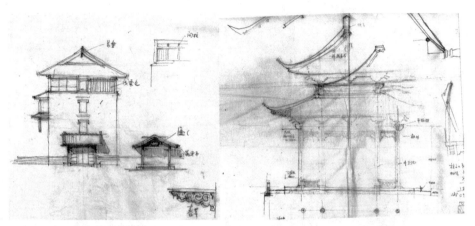

图5-39　南通濠滨书苑单体建筑设计草图

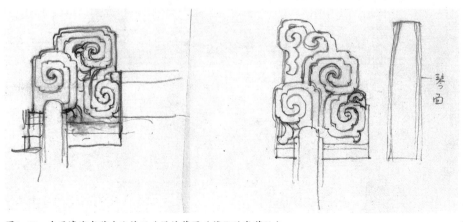

图5-40　南通濠滨书苑办公楼正吻设计草图（简化的卷草纹）

图5-41 1997年在南通濠滨书苑施工现场

（左起：濠河建设工程公司李经理、李海清、市建委秦家濂总工、潘谷西、濠河风景区管理处陈晓林副主任。可见当时歇山顶正吻用标准化生产的清式"龙吻"，尚未撤换）

图5-42 南通濠滨书苑办公楼正吻竣工时已按设计大样改为简化的卷草纹

于定了一个方案。记得那张总图还是我自己动手画的，用的是普通草图纸和彩色水笔。冯市长最后在这张总图上写了几个字："采用此方案"，算是做了决定。我们当时的设计策略，主要是引入了大块水体，建筑和绿化围绕着水面展开布局，显得既有纵深感又不乏灵动之趣。因为用地指标实际上达不到西郊宾馆那样的效果。但即便如此，这位副市长还是因为该项目用地违规、超标而挨了批。当时省里纪检部门还专门派人来找我做调查，当然我只能如实报告情况。据说，建成后当地市政府还曾想要这个大院作为办公区，而冯则认为大院主入口朝西，不适合政府办公用；可能规模上也不敷使用，最后也就不了了之了。金坛建委大院建成使用近20年了，波澜不惊，绿草茵茵，树木都已长大、长高了，环境还是很好的（图5-43～图5-48）。

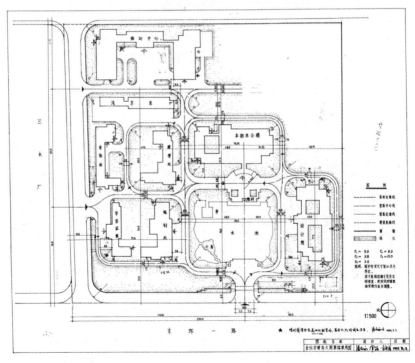

图5-43　金坛建委规划设计总平面图

图5-44　金坛建委主楼外景

图5-45　金坛建委宜人的环境氛围

图5-46　金坛建委单体建筑外景（规划管理处）

图5-47　金坛建委单体建筑外景（建工学校）

图5-48　1998年春回访金坛建委
（左起：李海清、金坛市建筑设计院韩院长、袁院长、潘谷西、祁早春总建筑师、办公室钱主任）

### 3. 回顾设计实践之余的思考

　　总结一下，但凡还觉得比较满意的作品，都是和环境的关系处理比较得当的结果，比如内部环境和外部环境、人工环境和自然环境、物质环境和空间环境等等。与环境能协调，和历史相结合，项目做出来能达到这两个目标，我就很满意。因为古建筑在形式上有比较成熟的一套，很难有大的发挥，但是在环境和历史文化的表达上可以有所成功。琅琊山同乐园，就是利用原有采石场塘口；连云港花果山海滨公园的枯山水庭院，则利用原有的松树和一块露出地面的石头作为中心景观，加上茶亭，围合出一个小小的庭院。这里原本是海滨公园，松树是黑松，石头经过风化，感觉不错。当时我在现场转了一圈儿，发现最值得利用的就是这些——没费多大力气，就做成了枯山水庭院，仅仅起了一圈围墙，建一个茶亭，效果还挺好（图5-49）；再就是花果山的屏竹禅院，规

图5-49　连云港花果山海滨公园枯山水庭院设计巧妙利用场地原有石头和松树营造日式茶庭氛围

模很小，利用山势、地形做成小巧茶室，门口一丛竹林（图5-50，图5-51）；琅琊山碧霞宫原先的设计，只是两三栋孤立的房子，后来我们结合地形把它梳理成两个庭院，还比较有趣；南通濠滨书苑，也是充分结合既存的濠河水面，形成了建筑轮廓丰富、贴水、亲水的公共空间；静海寺是结合了它原来的山、树、石。凡此种种，就不一一列举了。总之，因地制宜结合环境做设计，是我的基本思路。对于刻板的一进一进院落的大庙，谁会有兴趣呢？

　　我搞古建筑研究以后，把它和实际工程结合到一起来培养研究生，这方面我做得比较早。开始我们做项目是不收费的，所以对我们的研究工作和研究生经济上没有什么帮助，20世纪90年代才有设计费的意识。最早跟甲方提出来经费需求，是连云港花果山的项目，我提出来要他们帮着买几个照相机，可以用于科学研究搜集资料。所以我们不缺照相设备，在当时也算是不错的，不比北京的专家们逊色。张开济先生看见我

图5-50　连云港花果山屏竹禅院与地形环境的契合

图5-51　屏竹禅院入口小景

背的照相机，说你两个相机都挺好啊。再后来就是滁州琅琊山风景区的项目，我提出来要把我们的办公室改造装修一下。当时就在"中大院"（南京工学院建筑系馆，原中央大学生物系馆）二层中部门廊西侧，原本有一堵墙隔在室中，墙上有个门洞，窗户在洞口那边，室内光线很不好。我们把门洞扩大了，室内空间宽敞了一些，采光明显改善了，还新做了一些书柜等办公家具。扩大门洞的办法是在上方使用了一根工字钢的过梁，本来放在院子里闲置着，是建筑物理实验室的，我就跟柳孝图商量，算是先借用，如果实验室再需要的话，我负责再买一根还给他们。这个事情的工程实施和相关费用全部是由滁州琅琊山风景区那边负责解决的。这以后项目逐渐多了，才慢慢涉及设计收费的事情，学校对于教师承揽设计项目也才逐渐管理起来，才有一套关于收费管理的规章制度。

我既参与或主持过一些如金坛建委办公大楼等现代功能的公共建筑（图5-52），严格意义上讲是现代建筑，只不过是在形式方面借用了传统建筑的语汇；同时也做过像苏州瑞光寺塔修复、常熟燕园修复设计这样的传统建筑和园林，它们在设计控制上有什么具体的不同呢？前者是根据功能要求自由创作，后者则须根据文物保护的原则加以修复，而不是自由创作。再进一步，中国传统建筑和园林的修建，工匠是在园子主人的指导和授意下进行设计的，主人其实就相当于建筑

图5-52　2004年10月在金坛博物馆工地
（左起：单踊、潘谷西、李海清）

师，所谓"三分匠人，七分主人"。现在我们去做修复设计，身份是具有现代专业教育背景的专家，在设计的表达和控制的理念上和他们有什么不同呢？

做了这么多类型的项目，相对而言，我对园林理景更感兴趣。自己的创作意识会比较主动一些，配属的建筑物本身虽没多大创造性，但是山、水、树木的组合是需要有创造性思维的。绍兴东湖往下挖成洞，叫桃花洞，有的挖成池塘，这些创造性做法都是得益于中国几千年来积累的经验智慧。

在过去做园林，一般是要请画家参与的。举个例子，苏州怡园的主人，是原来在浙东做道台的，他在苏州家里造园子，让儿子来管，他给儿子写信，让他请个有名的画家参与讨论，但总体格局和要求是让他自己来定。《园冶》里面讲"世之兴造，专主鸠匠，独不闻三分匠、七分主人之谚乎？非主人也，能主之人也"。所以，他既是"主人"，又是"能主之人"，也相当于现在的建筑师了。建筑设计就是这样，要按照业主的要求来做。所以那些流派，比如现代主义、后现代主义等，都不是建筑师自己提出来的，是别人贴的标签。杨先生是没有主义的主义，我也赞成这种说法，其实他是因事、因时、因地追求尽善尽美的完美现实主义。搞设计要和各种甲方打交道，你怎样对待他们？我认为要根据客观实际需要，区别对待。建筑形式问题，各人有自己的看法，没有一定的标准。而功能和环境上的问题，则要坚持讲道理。连云港外事局请我们做项目，我认为那是一处明代建筑遗址，应该做明代的式样，那位局长说要做唐代的，因为在日本看到了"唐门"。其实"唐门"一词类似于"唐人街"，不是唐代的意思，而是指中国式的。这些官员好像什么都懂，对任何一行都是专家，其实并不理解。一个建筑师做"作品"的机会是很少的，一般只能做到"产品"。作品，是根据我自己的想法来实现的东西，而产品主要是满足甲方的需求，"作品"在建筑界是很少的，尤其在中国。

前面我说了，我一辈子做过三件事：教学、科研和建筑工程设计。不过，还有一件事花了我不少精力，但成绩寥寥，这就是对保护建筑文化遗产的努力。

我在南京市和江苏省担任文物管理委员会委员，达二三十年之久，责无旁贷地对这里的历史建筑遗物、遗址的保护加以关注。但是在市场经济大潮冲击下，这个工作做起来很难，成功率很低，来自官员和开发商的阻力很大。有些历史价值很高的遗物和遗迹，本来已经保存了数百年甚至千余年，结果却毁在这一代人手上，真令人痛心。这是为了眼前的经济利益而破坏老祖宗留下来的文化遗产的犯罪行为。有些遗产在社会及领导的重视下，得到了保护，但毁掉的数量更多！下面只举几个在南京经历的例子，来说说其间的困难和挫折，因为这方面的事情我主要是在南京经历的。

## 1. 南京张府园的南唐宫城"护龙河"遗迹事件

20世纪80年代房地产开发热潮中，张府园居住小区的工地上发现了一段宽约6米，长约十几米的河道，两侧用整齐的条石砌成驳岸，其位置正当南唐宫城西面城墙的外侧，是南唐"护龙河"遗址无疑。南京市文化局方面通知我和蒋赞初二人在文物局有关人员陪同下前去勘察。我们当场认定，这是南唐宫城护城河遗址，是南京十朝古都的罕见珍贵遗产，它确切无误地标示了南唐国都政治中心的所在地，应该被完整保护，并提出建议，把遗址建成为一个小区的绿地，添建一座亭子，配上草地、花木，成为小区居民的一个休息场所，也为南京增添一处古都标识和旅游亮点。我们又建议要尽快向城建主管副市长王宏民汇报，争取保住这处南唐遗址。可是，第二天我们就得知，工地上已经把"护龙河"驳岸的条石挖掉，还放言说"你们要的话，可以把这些石头一起用车子拉走！"谈起此事，至今我们还心头隐隐作痛。

## 2. 明中叶状元、文学家焦竑故居后楼的保护

20世纪80年代前期，南京市开展了一次全市性的文物普查工作，我参与了全部古建筑调查活动。由于我的科学研究项目是明代建筑，所以特别想看看除了明孝陵、明城墙和明故宫遗址外，南京到底还有哪些明代建筑遗留下来。结果发现还有两处：一处是焦竑故居，另一处是陈阁老故居。焦竑故居在同仁街菜场边上的一个巷子里，在住宅后院有一座三开间的楼，格局和一般后楼没有什么区别，中间的明间是敞开的，两边是封闭的房间，楼梯是从东侧房间上去的。楼上明间前后是格子窗，梁架露明，木架部分颜色很深，一看就知年代久远。它梁架上栱、斗、花楂的雕刻保存完好，是典型的明中叶的样式和手法，和苏州东山一带明代住宅木架上的雕刻完全一致。所以我当时认定了它是焦竑故居的原物。

但是，这个地方后来要建一座"同仁大厦"，于是文物局采取了"异地重建"的方案，把它拆掉。按照古建筑拆卸后重建的步骤，应该先做详尽的专业测绘、照相，保存完整的数据资料，才能拆卸。但我并未得知是否采取了这一步骤，也不知准备在何处复建。事情已经过去了三十多年，关于焦竑故居后楼重建一事，至今音信全无，拆卸的建筑构

件是如何保存、是否还存在都是个问题。

"陈阁老故居"在城南的陈阁老巷，只剩一座大厅，旁边其他的房屋都已经改建成杂乱拥挤的居民住房，大厅内也被分隔、改建成多间住房，看不到木构架，只看到住处仍是明代式样。

南京城里这两座仅存的明代建筑，现在都已不复存在。

### 3. 城南弓箭巷陈氏书房庭园的消失

这也是令人扼腕的一个例子。这里是一个比较完整的清代中叶遗留下来的富商宅后的书房庭园，位置在老城区夫子庙后面健康路旁一条小巷——弓箭巷内。园主姓陈，祖上是清同治年间开始发达起来的，是专做宫廷官帽顶戴装饰物的官商，园子就建于那时。所以园中还留有一株七八米高的海棠花树，有长了80余年和60余年的牡丹花各一台（牡丹畏潮湿，故砌台以植之），在海棠花东侧就是一座坐北朝南的书房，格子门窗和木栏杆都比较精致，虽然已经显得破旧。我是由文物局的人陪同去的，园主介绍了园的历史和保存情况。实际上当时周围的房屋已经被开发商拆掉，成了一片工地。这座园子由于主人的坚持，才孤零零地耸立在空旷的工地上，园主希望文物部门能帮助保存这座园子。我当时就表示，这是南京保留下来硕果仅存的唯一超过百年历史的私家园林，其品质不亚于苏州古典园林，应该列入保护名录予以保护。

遗憾的是，后来听说开发商使用坏招，在园子墙外靠近海棠花树的地方，挖了个化灰池融化石灰，结果把百年海棠毒死了，园子后来也被拆掉了。为此，身在外地定居的陈家后人每年还寄来新年贺卡，以示纪念。

### 4. 报恩寺塔遗址保护工程

早在20世纪80年代，我多次对文物部门提起，报恩寺琉璃塔是明

永乐皇帝三大工程之一（这三大工程是北京宫殿、武当山道教建筑群和
南京报恩寺琉璃塔），曾被清代的西方游客誉为中世纪世界七大奇观之
一。改革开放初期竟然还有英国游客到南京指名要参观报恩寺塔，他
们从书本上知道了这座塔，但不知道在太平天国守城时已经被守军炸毁
了。它是南京城的重要标志建筑之一，我曾多次表示希望有生之年能见
到它被重新建造起来（图6-1）。

　　时至21世纪初，报恩寺塔重建的事被社会逐渐重视起来，一位有实

金陵大报恩寺暨琉璃塔建于明朝，曾是古都南京的一颗璀璨明珠，亦
是举世闻名的名胜，被欧洲人称为"中世纪世界七大奇迹"之一。惜
后来大报恩寺和琉璃塔毁于太平天国战火，建筑荡然无存，仅存南北
两座御碑和香水桥等遗迹。

项目基地目前位于南京中华门外东南侧，北临秦淮河、南抵正学路、
西到雨花路、东至晨光机械厂的原金陵机械制造局厂房西侧道路。规
划范围占地8.9公顷。将来可结合南京城南的发展规划，向西、向南
进行拓展，以形成南京佛教文化的中心。

规划立足于重建金陵大报恩寺塔的定位和共识，塑造由西向东的新轴
线，鲜明大气，意蕴流长；同时通过建造寺庙组群及对遗址的整合，
强化历史轴线；并结合遗址公园和相关活动内容，将保留的扫帚巷和
遗址公园融为一体，同时增强了和秦淮河及城墙的视觉联通关系。
2010年新版规划还增加了禅修中心、金陵刻经展陈及讲经堂等活动
内容。

规划的亮点之一是将3条东西向的轴线通过琉璃塔遗址广场和重建的
琉璃塔进行了南北向的转承和结合，并将新塔至于空间、内容、整体
结构的转换中心；亮点之二是入口西广场将塔与水的灵动通过水池的
长度转换为遗址地宫的地下甬道，将是地上地下的完美结合；亮点之
三是淡化了沿河民居的散置，通过建筑、通道和屋顶绿化及活动平台
的结合，扩大了遗址公园的活动范围和视野，并恰好地和寺庙建筑的
抬升相映，衬托出新广场的开阔、整洁和流动。

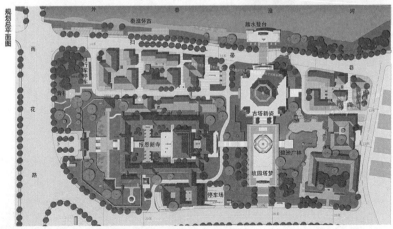

图6-1　南京"明代报恩寺琉璃塔遗址公园"规划设计图

力的企业家也捐出了10亿元来资助这个项目。于是，宝塔遗址区的上千户居民得以拆迁，腾出地皮，呼唤了一二十年的工程正式启动。

当时工程的名称是"明代报恩寺琉璃塔遗址公园"，主要目的是以重建琉璃塔为中心建成一处市民休息公园。据说时任市长的罗志军指示，工程设计由潘谷西教授一支笔主持。于是我们东南大学承担了这项规划设计任务（图6-2~图6-5）。

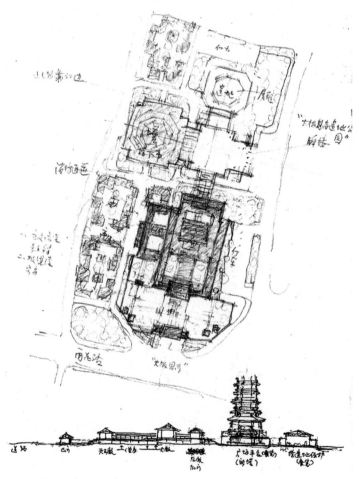

图6-2 潘谷西手绘报恩寺图之一（图片来源：陈薇提供）

　　按照工程程序，在初步规划方案拟出后，我们提出先搞考古发掘，弄清遗址现状，再决定最后方案。随后考古工作由塔基开始，但是始终没有找到明代的塔基，反而在明代塔基位置的深层地下发现了宋代的地宫和鎏金舍利塔，塔中藏有佛顶骨舍利等佛家至宝。于是在媒体猛炒之

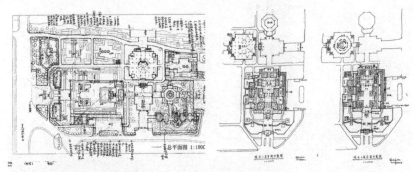

图6-3　潘谷西手绘报恩寺图之二、三（图片来源：陈薇提供）

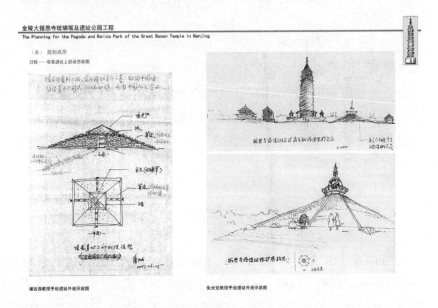

图6-4　潘谷西手绘报恩寺塔基遗址上部设想草图（左）朱光亚手绘报恩寺塔基遗址上部设想草图（右）（图片来源：陈薇提供）

图6-5　2010年2月根据潘谷西手稿设计的新报恩寺塔效果图（图片来源：陈薇提供）

下，宋代鎏金舍利塔和佛顶骨舍利，一时竟成了全国甚至全球华人中的重要新闻，报恩寺的地位也在南京市文物部门领导的心目中更重要了，于是考古发掘也在这种热潮中继续向塔周展开，伸向寺的大殿、天王殿、山门、画廊和迦蓝殿等，这些建筑遗址都被发掘出来，把塔址的发掘变成全寺遗址的发掘，并成为全国年度十大考古发掘成就之一。考古工作时间也延长到了三年（图6-6～图6-9）。

　　报恩寺塔遗址闻名全国之后，遗址公园的项目成了市委书记手上的宠儿。罗志军调任省政府后，又经朱善璐、杨卫泽两任书记，都是亲自抓。这个工程的规划设计方案也一变再变，前后七八年间，我们东南大学有关教师为此做过12次修改方案。最后市委书记杨卫泽决定在全国和世界范围内由6家设计单位参加招标，选取方案。至此，此项规划设计和原来的设计意向已完全不同，因此我也表示不再继续参与该项目的有关工作。

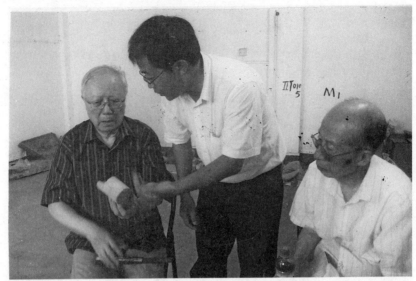

图6-6　2008年8月，为南京"明代报恩寺琉璃塔遗址公园"规划设计，在南京窑岗村琉璃窑址出土明琉璃件仓库检看遗物（左起：潘谷西、王志高、蒋赞初）

图6-7　2008年8月11日在报恩寺遗址现场指导考古工作（左二潘谷西、左三蒋赞初，左一朱光亚，右一陈薇。图片来源：陈薇提供）

图6-8　2011年7月11日现场了解新塔琉璃试制情况（图片来源：陈薇提供）

图6-9　2011年7月11日现场指导琉璃建造（右二潘谷西，左一朱光亚、右一陈薇。图片来源：陈薇提供）

### 5. 南京城墙保护工作

20世纪80年代南京城墙成为全国重点保护单位以后，南京市里对它很重视，成立了专职的城墙保护机构，订立了保护条例，做了大量墙体修缮、环境清理整治等工作（图6-10）。但保护过程中也存在一些问题，其中最突出的是不尊重文化遗产的原真性，随意添建城门，我也经历了一次添建城门的过程。

图6-10　2007年9月，与南京大学蒋赞初教授共同考察南京富贵山东侧城墙（此段城墙被围在南京军区军事管理区大院内，之前未曾见过）

南京明都城城墙原有13座城门，清代和民国时都有添建，并予以命名，如玄武门、中山门、挹江门等，这是在成为全国重点文物保护单位之前的事情，是历史留下的既成事实，是作为城墙历史的一部分来予以承认的。今天我们再为明城墙添建"城门"，就是破坏和扰乱其原有格局。当然，为了今天城市交通发展的实际需要，我们必须接受道路穿过城墙的严酷现实时，这种穿通也应尽量少破坏城墙墙体，应采用现代打隧道的施工方法来解决，而不是拆成大豁口再重建一段新城补上。现代技术已经可以轻易做到这一点。但是，近年南京在处理道路和城墙相交时，都采用简单的拆了原有城墙再补造新城的方式，而且每处交汇口上都以"××门"冠名，这违反了文物法，是对文物原真性的一种破坏。

我曾经历了南京集庆路口开通城墙通道——后被冠以"集庆门"的全过程：

20世纪90年代后期，集庆路一带房地产开发兴起，急需打通和城西干道的联系，以解决建材和施工的交通运输问题。市文物局方面做了一个开城门的方案上报国家文物局，结果被打回来了。他们就找我来重做方案，我一看，他们做的是一个城台开三个拱门的式样，和中山门、挹江门一个模式，"门"的概念很突出。我就换成"通道"、"道口"的概念做了方案：右侧出城有快车道和慢车道的两个口，左侧进城同样有两个口，所以一共是四个道口，而且没有城门墩台，所以这绝对不是一个门的形式，因为中国历史上从来没有出现过四个门道的城门。方案报到国家文物局，很快就被批准了，所以现在的集庆路通道是四股道（图6-11）。

方案定了，施工还有问题。本来我希望采取挖隧道的方式来开洞，以减少对城墙的破坏，哪知他们一拿到北京的批复，马上来了个大开挖，开成大豁口，以便尽快打通和城外的运输通道。本来，一家部队的工程施工单位已表示能以降低1/3造价的条件来承担隧道施工，不过工期要三四个月。但这个方案由于满足不了迫在眉睫的交通运输需求而被摒弃。

图6-11　南京集庆路口城墙通道"集庆门"开通之后的外景（图片来源：李海清提供）

通道完工之后，被当时的市委书记陈光题名为"集庆门"，现在道口上方题字，即为此公所写。这种四通道的题名方式后来竟被城西华严岗外开"华严岗门"所模仿，谬种传播，误人不浅。据说那个"华严岗门"是前江苏省政协主席曹克明自告奋勇所为，他还在其他几个地方为南京明城墙开了几个"城门"。

另外，在修理城墙过程中，我曾多次提出，不用水泥砂浆而用石灰砂浆，因为过去都用石灰砂浆砌筑，而水泥砂浆标号超过了城砖的强度就会对城砖造成不可挽回的破坏，使之无法逆向修缮，水泥砂浆已经把城砖黏接成一个整体，不能分开。但是，试用石灰砂浆后，发现材料来源少、施工工期长、价格又偏高，所以，这种方法后来难以持续。

对中华门等已经没有城门楼的门台遗址而言，我认为恢复城门楼是合适的，我支持这种做法。当然，也有一派人认为不应该恢复，那是假古董，不符合文物保护的原则。但我认为，复建城门楼是保护城门楼台的最佳方式，其他保护方式如在台面铺设钢筋混凝土地面以防雨水渗漏等方式，实践证明是无效的。

古代建筑的大屋顶就是有保护其台基的功能，且能历久而不失其功能，城楼的恢复又可为完善城门形象而对城市面貌起到良好作用，是一举两得的事。所以对中华门城楼我一贯赞成复建，并曾由郭华瑜做过方案。现在的问题是在复建城楼后如何防止对城台产生破坏效应（例如因载重而使城台产生塌陷、开裂等后果），在技术上要做细致的调研、测试，做到安全可靠。

对这种复建工程必须澄清的观念是：这不是复原明代的一座城楼，而是建造一座现代的保护建筑，只是外观形式上尽量靠近遗物当初的时代特点而已。所以结构和材料是可以采取现代科技成就的，也不必苛求细部形式的100%逼真有据。

## 6. 明孝陵的保护工作

明孝陵的保护一贯受到各方重视，因为先是被列为第一批国家重点文物保护单位，后来又被列入世界文化遗产名录，它和中山陵一样受到尊重和关注。

我对明孝陵保护工作主要参与了保护规划和一些单体建筑的修缮，以及保护性的加建工作。对前后两次做的保护规划我已没有什么印象，但对方城明楼的加建工程却有深刻记忆。

方城明楼这种建筑物是明代创建的，是阴曹地府宫城的正门，和明故宫午门的地位相当。原来只剩下砖石砌筑的城台，上面的城楼早已不存。常年雨水渗漏使台内石灰胶泥流失严重，危及城台安全。大概是2006年吧，中山陵园管理处打算在台上修复保护性明楼，在北京有关方面的指点下，他们派了文物管理的负责人王建华来找我，希望我帮助他们做一个修建设计方案呈报国家文物局。他还提到北京方面推荐我的博士生郭华瑜。我说她对明代官式建筑有研究，很合适做这件事。她的博士论文《明代官式建筑大木作研究》曾获北京古建筑专家的赞赏。

在对明孝陵方城明楼多次勘察之后发现，这座砖石墩台虽然外观完好，无开裂塌落现象，但石灰胶泥经数百年雨水溶解、渗漏，大量凝结成钟乳石贴挂在外墙上，所以对墩台内部必须作探测，查明是否有隐患。此事后来由东南大学有关结构专家来担任，负责解决。在城楼形制方面，我们发现它的室内没有内柱，而在南北外墙内侧有四对倚柱的半柱柱础，墙面上却无倚柱的痕迹。这些特点使我们得出结论：这是一个用四椑梁架直接搁在墙上的木结构屋顶，是不用内柱的承重墙结构，四对倚柱不承重，只是装饰物。这是一种明初特有的厚墙承重木屋架结构，常见于陵墓的门、碑亭和方城明楼，曲阜孔庙的圣时门也采用这种结构方式。

根据这些特点，我们设计了一个通檐八椽栿的梁架体系形式，解决了屋顶结构原型模式的问题，而为了减轻重量，屋顶天花以上采用了钢屋架。至于外观的各种琉璃、斗栱、彩画等细部则参照南京、北京明陵的式样来处理。

因为这个工程是保护性建筑，不是复原明楼，所以只是在外观上尽量贴近明代官式建筑，以取得和原有建筑遗存与陵墓环境的协调，而非考证孝陵明楼原有状貌得出的结果（图6-12～图6-14）。

方案上报北京后很快获得批准，并顺利完成施工。这是多年来明孝陵保护工程中，在国家文物局最顺利获准修建的一个项目，其中郭华瑜的功劳最大。后来我和她一起出席了竣工大会，但只站在观众背后，看领导和北京客人在台上亮相。不过，看到修建后的明楼，心里还是很愉快的。

文武坊门的修复是丁宏伟负责设计的。这个工程比较小，也比较简单，主要参考了北京明陵琉璃墙门的做法，效果也不错。

图6-12　南京明孝陵方城明楼加建工程实施前外景

图6-13 南京明孝陵方城明楼加建工程实施后外景

（图片来源：陈微提供）

图6-14 南京明孝陵方城明楼加建工程实施后的墩台上层

（图片来源：李海清提供）

## 7. 明故宫遗址保护规划的工作

　　对明故宫遗址的保护我一直很关心。2001年12月，我在南京历史文化名城研究会上以及有关场合提出，对南京这座历史文化名城和著名古都来说，明故宫遗址的价值比明孝陵、明都城墙更高，因为这是明王朝政权中枢所在地，是明王朝统治的象征。后来又专门写信给市长罗志军和省府部门，但当时明故宫遗址已被大面积蚕食侵占，只剩下中心线上很窄的一条以及西安门、西华门、东华门的遗址，所以对我提出的保护规划设想，连我们自己人都不看好，认为太理想主义了。但是我认为如果我们不提出来，不争取保护，那么蚕食、侵占、破坏会更严重。经过多方呼吁，市规划局终于拨出经费，请我领衔做明故宫的保护规划。随后，由我和陈薇带领几位研究生调查了现状，发现紫禁城护城河的遗存还比较多，宫城四址范围清晰，东北隅角楼仍有数米高的土墩留在军区大院里，而内外五龙桥、午门、东华门和西安门的地面残存最多，西华门则只有少量残存，而且已被周围高楼包围。至于太庙和社稷坛则已被近年所建高校校舍和住宅所占。据此，我们提出"一片、三线、八点"的保护目标："一片"是指宫城紫禁城，长远目标（50年）是建成遗址公园，当前是不再批地开发，今后是只出不进，待有条件时再淘汰一批建筑物；"三线"是中轴线、皇城墙轴线和东西华门之间的连线；"八点"是太庙、社稷坛和皇城六门。这样就标示出了明故宫的规模和范围，以及它的气势（图6-15）。

　　规划完成后经过一轮专家论证会，以后就没有下文了。过了几年又由陈薇做了修改方案，还是没有下文。但其间明故宫遗址倒是由省级保护单位提升为全国重点文物保护单位了。

　　我也深知，明故宫遗址的保护太难了，从民国时期开辟中山东路把它一劈为二起，就从根本上破坏了明皇朝宫城的格局，这是当年负责南京"首都计划"墨菲等人的罪过，后来的蚕食、破坏则是1949年以后的

明故宫是指明代宫城和皇城。皇城大体范围：东至中山门，西至西安门，北至北安门，南至瑞金路。核心区域为大内（宫城），现宫城北侧和东西两侧大部城濠存旧，南有午门遗址存留，所以基本范围可定。但现实是宫城内除中轴线上的部分遗址被集中辟为公园外，其余用地被部队、高校、居民区、厂家等占用，皇城内更是面目全非，南京最高的宾馆希尔顿饭店和具有中国民族特色的钟山宾馆，在宫城东西两侧巍然屹立，即使是中轴线上的公园，也被民国时期开辟的中山大道横腰截断，而且中山大道及沿线的近代优秀建筑也是南京的重要历史遗存而需要保护，这就使得在城市中要保护南京明故宫遗址，变得十分困难和错综复杂。

对此，我们从历史层次、空间层次、地理层次、发展层次四个方面进行研究，其目的是从整体上把握南京明故宫遗址在南京的合理定位，进而更有效地进行保护。

一．历史层次：体现南京明故宫曾有的王气、灵气和相互织起的秩序。
二．空间层次：以静带动，突显城东特色。
三．地理层次：在整体上提高南京作为历史文化名城和山水城市的地位。
四．发展层次：为南京发展提供新的生长点。

思路：一片、八点、三线，重点强调和保护范围内的控制性利用。具体而言，就是以宫城（紫禁城）为核心、以皇城为外围、以中心线为贯轴，点、线、面结合，形成有重点、有系统的保护格局。

南京四重城

图6-15 《南京明故宫遗址保护规划》文本文件

事情。当年我提出保护规划，也深知实现的可能性不大，但是总觉得自己有责任出来搏一下，做到问心无愧吧！

## 8. 对深埋地下的六朝宫城遗址的保护

一千多年以前的东吴、东晋、宋、齐、梁、陈的宫殿遗址到底在哪儿？百年来史学家始终没有一个可靠的答案。权威的南京地方史专家朱傅曾推断在今天的东南大学一带，但近年众多的考古发掘成果揭示，真正的东晋、宋、齐、梁、陈的皇宫要比朱老先生推定的向南移两个街区，相距一公里吧。它的南界到利济巷（在中山东路南面），北界在长江后街（在长江路和珠江路之间），东界在汉府街，西界在邓府巷。这样一来，过去认为梁武帝舍身的同泰寺位于今天鸡鸣寺的结论也不对了，它应该在珠江路南侧一线，那些乐游苑等设施都要南移了。这些千古之谜终于逐一得到破解。

由于六朝遗址深埋地下达3m左右，历代城市建设（包括民国时期）基本上没有触及、破坏这些遗址。但是，近年来高层建筑遍地开花，他们都要做2—3层（甚至更多）的地下层，向下挖土10m上下，这就把深藏千余年的六朝遗址永久性地彻底毁灭了。

从大行宫的南京图书馆新馆开始，我们就遇上了这样的问题。

2003年春，我们得知南京图书馆新馆的工地上发现了六朝时期的城墙，约宽10m，内外有砖包砌，城墙是东西走向，在此处断开，向东不再延伸，所以断定是处在东南城角的一处拐角处，而且应当是建康宫城——"台城"的一角。城外有南北向和东西向宽约20m的道路和路两侧的排水沟，旁边还有整齐的建筑物的砖砌墙基。城墙的高规格品质和道路的设施展示了当年建康城市建设有着很高水准，应该作为六朝遗迹的典型代表来加以保护。所以，我们（蒋赞初、梁白泉和我）三人联名倡议保留遗址，并设展厅，予以展示。

当时工地上的原有房屋已经清理完毕，但尚未打桩。隔了二、三个月，工程的主管方——江苏省大项目指挥部才出面召开了一次会议，除了我们三人以外，还邀请了设计单位——南京市建筑设计院参加。主管方在会上宣称，工地上已经完成了打桩工程，看怎么来保护遗址。真气人，这不是在造成破坏遗址的既成格局后再来逼你追认吗？最后设计院方面提出了一个方案：在遗址上方地下车库上面吊一个夹层，按城墙遗存的模样原位复制后放在夹层里，上面覆以玻璃地板，可以在图书馆东厅里看到复制的城墙遗址。无奈之下，我们只能接受这个方案，现在所展示的就是这个状况。当时，我在会上还说："这是双赢了，我们赢了5%，你们赢了95%"。但是现在看来，我们是百分之百的失败。因为遗址原物已经消失，展厅里看到的是复制品，假古董。前年居然还以六朝遗址为名，请前香港特首董建华作了参观！

后来的几年里，陆续发现了利济巷、邓府巷、总统府、长江后街、江苏美术馆工地等多处六朝遗址，对建康宫城范围的界定提供了有力的证据。但是，保护遗址的希望却一个个破灭。唯一得到实现的是汉府街原长途汽车站六朝城址的保护工程。

在一个雨天，我们三人被通知去看汉府街原长途汽车站的考古发掘现场，那里又出土了一段城墙遗址，其向南延伸的走向和利济巷的城墙遗址相合，和图书馆工地遗址的朝向角度也是一致的，我们认为这是建康宫城的一段东城墙遗址。于是三人联名上书，力陈保护遗址的重要性，而且这可能是最后的机会了，以后很难说再有新的发现，之前我们已经失去了最好的机会（南京图书馆工地遗址），这次再不能失去了。

终于，这个遗址成功地得到了保护，并在此基础上建立了南京的"六朝博物馆"（图6-16，图6-17）。

近年来，在南京历史文化遗产的保护中，蒋赞初、梁白泉和我，常常是三人共同参与，共同联名写信、提建议，所以，被戏称为文物保护的"三驾马车"。我们是本届江苏省文物管理委员会数十位委员中仅有的具有文物专业背景的3名委员，其他委员都是省有关厅局的厅局长和各市的副市长。在长长的委员名单中，我们位列倒数一、二、三名（蒋赞初，南京大学考古学、历史学教授；梁白泉，南京博物院前院长，文博专家、研究员）（图6-18）。

图6-16　南京"六朝博物馆"外景
（图片来源：李海清提供）

图6-17　南京"六朝博物馆"内成功保留下来的六朝时期城墙遗址
（图片来源：李海清提供）

图6-18　2010年7月23日"三驾马车"考察南京祖堂山明洪保墓（洪保与郑和共同率船队下西洋，洪为副使，曾单独出使暹罗，即今泰国）发掘现场（左起：梁白泉、蒋赞初、潘谷西）

　　回想过去，思绪万千，欢乐、苦难、恩情、怨恨……一齐涌向心头，不过，静静想来，我这一生还算是幸运的，应该感谢这个世界，其中首先要感谢的是以下几位对我有大恩的人：

## 母亲

　　我的母亲是位农村妇女，不识字。我早年丧父，她不但独力支撑着家庭，而且在经济非常困难的条件下，谨遵父亲临终嘱咐，尽力让两个孩子念书，使我上了大学，我妹上了高中，为我们兄妹两人的发展前途打下了良好的基础。而她自己却在农村饱受苦难。每思及此，深感母亲人格的伟大和恩情的深重。虽然她已离世半个世纪，但我仍深深怀念她。

## 妻子

　　和我共同生活了57年的妻子，因为体弱多病，旁人常说我照顾她多。其实不然，家庭日常生活、子女的抚养、教育都由她操心，使我有了一个温馨而无后顾之忧的家，特别是在"文化大革命"中，我遭受政治灾难期间，更是由她独力支撑着整个家庭，同时也给了我活下去的勇气。我从心底深爱着她，感谢她。

## 恩师

新中国成立前，我有幸考进了全国最高水平的国立中央大学的建筑系，又在众多名师教导下进入建筑学术领域，这是我一生最大的幸福。尤其是杨廷宝和刘敦桢两位老师，对我的影响和扶持最多。我之所以能在建筑设计实践和建筑历史研究上有所成就，是和他们的指导、帮助分不开的。他们高尚的品德、严谨的治学态度和治学方法，永远是我追慕和学习的榜样。

## 国家领导人

国家最高领导人的任何政策措施对每个国民都有巨大影响。对我个人而言，在52年的从业时间里，前半部是我最富精力的26年，却被消磨在政治运动和政治灾难之中，可说是一事无成；后半部约26年的时间里，则得益于邓小平的政策，使我在建筑教育、建筑设计实践和建筑历史研究领域有机会、有条件作出微薄贡献，实现人生价值，这是生逢明主所获得的恩泽，使我倍感幸福。

# 编辑的话

2015年春节之后不久，东南大学建筑学院的李海清老师就把潘谷西先生的口述史书稿转交给了我，打出来厚厚一沓，置于案头那一刻，心中似乎一块石头落地，一时颇多感慨。

几年前，因工作缘由，常受教于建筑学界的老一辈专家、学者，从他们身上感受到的，除了深厚的专业学养之外，更多是一种人格的力量——他们那辈人，内心深处都藏着沟壑连绵的大山，深远而神秘，富含矿藏。由此萌生了策划这样一套"建筑名家口述史丛书"的想法。

2012年底，我通过东南大学建筑学院陈薇老师向潘先生转达了问候，并寄去正式约稿函。2013年初春，我在李海清老师陪同下，登门看望潘先生。其时，南京太平北路两侧的小花园里已是春意盎然，但室内却依旧阴冷。老人家沉静地坐在客厅中，旁边的小几上，是曾与他毕生同甘共苦的爱妻年轻时的一张油画，出自苏联专家之手。画上的年轻女子透着那个时代特有的、无法言说的美。

此书得以面世，首先要感谢陈薇老师、李海清老师和单踊老师。潘先生一生为人低调、谦和，他认为自己一辈子都在学校，是个教书匠，没什么可说的。若无这几位直传弟子替我做"动员"工作，这本书是不可能顺利完成的。尤其是李海清老师，作为潘先生的关门弟子之一，在高校教师如今普遍承担教学、科研、著述等重压之下，又处于"上有老下有小"的中年夹板之中，仍亲历亲为，在有关采访和整理工作中投入相当大的精力。没有他和单踊老师的鼎力襄助，这本书不可能优质、迅速地完成。

潘谷西先生作为东南大学建筑历史与理论学科的负责人之一，和郭湖生、刘叙杰等先生一起，培养出今日东南大学"中国建筑史"教学研究梯队的中坚，门下弟子朱光亚、赵辰、陈薇、张十庆、董卫等都已是名教授，他牵头主编的《中国建筑史》教材从1982年面世以来，至今已经修订至第六版，发行60多万册，滋养了几代建筑学子。此外，他还积极投身研究型设计实践，曾主持设计过的重要工程不下数十项。而在这本书中，老人家用朴素、平实的语言回顾往事，坦陈了自己在"文革"经历各种冲击之后接过"中国建筑史"教学担子的偶然性，批评了目前高校教学、研究中存在的一些流弊，对建筑文化遗产遭受破坏感到痛心。而最让我深深动容的，是在短短几百字的后记中，他对家人流露出的深爱与惦念——要知道，老派的知识分子，是不习惯于表达这些的……

由于身体和精力原因，其他健在的前辈学者如罗小未先生、陈志华先生等，似已无力启动口述历史工作。这也让我们充分意识到这项工作的紧迫性——从某种意义上说，这是在跟时间赛跑。但同时我也深深意识到个人力量的微薄，也想借此呼吁，希望能够得到更多有识之士的帮助和支持。

最后要感谢我所供职的中国建筑工业出版社。这套丛书的出版得到沈元勤社长和王莉慧副总编辑的大力支持。在"金元"项目横扫大地，出版竞争压力巨大的今天，这样一类显然在经济效益方面并不占优势的选题能得到批准和支持，实属不易。这展现了他们在传播建筑文化和承担社会责任感方面的担当。此外。还要感谢《建筑师》杂志主编黄居正老师。共事经年，于我而言，黄老师亦师亦友，他的人品、学问和心态都是我学习的榜样。在我工作上遇到困难时，他总是鼎力支持。最后，还要感谢所有关心和帮助过这套"口述史"丛书的朋友们，是大家让我们有了继续前进的动力。

易娜

2015年5月于北京三里河路